幼兒保育概論

劉明德・林大巧◎編著
張素真◎審定

序言

1. 本書針對最新課程標準，及最新命題趨勢編著，最適合報名四技二專、二專、科技大學及普考保育人員等一試等各類考試使用。

2. 本書涵蓋幼保類專業科目（一）試題，其中第一部分為「嬰幼兒發展與輔導」，共分為八章及最近四年歷屆試題精解（88～91年最新試題），每章均涵蓋①重點綱要、②重點精析、③歷屆試題、④測驗評量。

   第二部分為「幼兒保育概論」，共分為九章，及最近四年歷屆試題精解（88～91年最新試題），每章均涵蓋①綱要表解、②重點整理、③歷屆聯考試題集錦三大單元，內容精簡扼要，提綱契領，是升學不可或缺的獨門竅訣。第二部分末共有15個附錄試題精解（88～91年），考生可視所要考的學校，而勤加練習考古題，多考的多讀，少考的少讀，不考的不讀，以收事半功倍之效。

3. 本書承蒙新生醫校幼保科專任教師張素貞老師審閱，去蕪存菁，持續改善，已將錯誤降到最低點，但因編寫時間匆促，疏漏之處在所難免，尚祈各方先進不吝斧正。

劉明德、林大巧

2003年6月於台灣大學醫學院

及仁德醫護管理專校基礎醫學科

準備要領

∙∙

一、選擇一本有代表性的基礎教科書，在充分瞭解其基礎理論，建立
　　完備核心概念後，再參考歷屆試題，互相參照，分招分式，系統
　　分類。

二、由於歷屆試題爲出題諸公重點之所在，所以應針對考古題加以歸
　　納整理，系統分類，並親自動手做（DIY），以磨練答題技巧。

三、用考古題自我測驗，以瞭解自我實力，並作錯題分析及試題落點
　　分析，以逐步求精，持續改善，並掌握命題重點。

四、高分答題秘訣

　　（一）掌握試題重點，仔細推敲，以客觀立場，進行解析。

　　（二）在最短時間內切中關鍵性要害，找到問題之核心答案。

　　（三）要能觸類旁通，舉一反三，活學活用，而達到登峰造極，
　　　　　爐火純青的境界。

五、未來命題趨勢：自民國八十七年起，考選部將高普考改爲兩階段
　　考試方式，並將「兒童保育」科系之考試科目，由「兒童保育」
　　一科，區分爲「兒童發展與輔導」及「兒童保育概要」二科，其
　　中「兒童發展與輔導」在一、二試中均有試題，其考題形式在第
　　一試均爲選擇題，第二試均爲申論題，而四技二專及二技幼保類
　　試題則均爲選擇題（單選）。

六、本書特色

　　（一）本書依據最新課程標準及最新考題趨勢編著，適合普考一
　　　　　試、二試、二技嬰幼兒保育系、四技、二專、科技大學兒
　　　　　童保育人員（幼保科系）各類考試使用。

　　（二）本書每章均涵蓋：

1.重點綱要：將每章單元重點系統整理，加以分類，使考生能掌握各單元重點，以應付千變萬化的試題。

2.測驗評量：以多樣化的題庫模擬未來命題趨勢。

3.歷屆試題：蒐集歷屆「兒童發展與輔導」及「兒童保育概論」的最近四年試題〔涵蓋四技二專（幼保類專業科目一）、二技（幼保類專業科目一）及普考一試（兒童發展與輔導）〕，使考生深刻瞭解考試趨向，並在親自動手做（DIY）中，培養實戰經驗。

　　大哉乾元，一元復始，萬象更新，在新的年度開始，在此預祝廣大的考生，金榜題名，一試中第，滿分百分百，而成為嬰幼兒保育界一顆閃亮的星星，一閃一閃亮晶晶地照顧著國家未來的主人翁。

劉明德・林大巧

2003年6月於台灣大學醫學院
及仁德醫護管理專校基礎醫學科

目錄

第一章

緒論

第一單元　綱要表解

一、意義	（一）保護
	（二）教育
二、範圍	（一）一般幼兒
	（二）環境特殊幼兒
	（三）身心發展特殊幼兒
三、目的	得到健全的下一代
四、重要性	（一）幼兒對自己一生的重要性
	（二）幼兒對家庭的重要性
	（三）幼兒對國家社會的重要性
五、任務	（一）給予幼兒良好的生長環境
	（二）給予幼兒適當的營養
	（三）訓練幼兒動作發展
	（四）啓發幼兒的智能發展
	（五）陶冶良好的人格及情緒模式
	（六）促進社會化發展
六、研究方式	（一）橫斷法（cross-sectional approach）
	（二）縱貫法（longitudinal approach）
七、研究方法	（一）直接研究法
	1.日記法（diary method）
	2.行爲觀察法（behavior observation method）
	3.控制觀察法（controlled observation）
	（1）實驗法（experimental method）
	（2）測驗法（testing method）
	（二）間接研究法
	1.問卷法（questionaire）
	2.晤談法（interview）
	3.評估法（rating）

第二單元　重點整理

一、幼兒保育的意義

嬰兒期（infancy）劃分爲從出生到一周歲，兒童期爲從一歲到十二歲。嬰兒期內涵蓋新生兒期（neonate），即出生到滿月。

兒童期分爲：

1.早兒童期（early childhood）：一至六歲。

2.中兒童期（mid-childhood）：六至十歲。

3.晚兒童期（late-childhood）：十至十二歲。

人類早期分期劃分如下：

1.產前期（prenantal period）：從懷孕至出生前爲止。

2.新生兒期（neonate）：從出生至二週爲止。

3.嬰兒期（infancy）：從出生後二星期到一歲爲止。

4.幼兒期（early childhood）：從一歲至六歲爲止，此期又稱爲學前兒童期（preschool childhood）。

5.兒童期（childhood）：從六歲至十二歲，此期又稱爲學齡兒童期。

「保」就是保護，「育」包括生育、養育和教育三方面。

二、幼兒保育的範圍

1.一般幼兒
　①新生兒期
　②嬰兒期
　③幼兒期
2.環境特殊幼兒
　①院內求助（institutional care）

‧家庭式教養

‧團體式教養

②家庭補助（financial aid to family）

‧父母失業、疾病或其他原因，無力維持子女生活者。

‧父母一方死亡，他方無力撫育者。

‧父母雙亡，其親屬願代爲撫養，而無經濟能力者。

‧未經認領之非婚生子女，其生母自行撫育，而無經濟能力者。

③家庭寄養（foster family care）

④收養（adoption service）

3.身心發展特殊幼兒

①家庭教育

②療育班

③交流班

④普通幼稚園及殘障幼稚園

三、幼兒保育的目的

人類求生存的兩大要義，一是保持個體的生存，一是延續種族的生命。

幼兒保育積極的目的，就是爲了得到健全的下一代。達爾文（Darwin）在「進化論」（Theory of Evolution）中提到：生物的進化論爲「優勝劣敗，適者生存」。

四、幼兒保育的任務

1.給予幼兒良好的生長環境

2.給予幼兒適當的營養

①要有足夠的營養

②要有均衡的養分

③營養要節制

3.訓練幼兒動作發展

4.啓發幼兒的智能發展

5.陶冶良好的人格及情緒模式

6.促進社會化發展

五、幼兒保育研究法

幼兒保育的研究方式

1.橫斷法（cross-sectional approach）

在同時間內就不同年齡層（different age group）的對象中選出樣本，同時觀察不同年齡層不同樣本的行為特徵。

橫斷法的優點為：

①節省研究時間。

②內容描繪不同年齡的典型特徵（typical characteristics）。

③節省研究經費。

④可由一個實驗者完成。

其缺點為：

①對整個研究過程只有一個概略的描述。

②未考慮同一年齡層的個別差異。

③未考慮不同時間內文化或環境的改變。

2.縱貫法（longitudinal approach）

對被研究對象的不同年齡階段加以研究，觀察在不同年齡階段所表現的行為模式。

縱貫法的優點為：

①可分析每位幼兒的發展過程。

②可研究幼兒在成長過程中，量的增加（gowth increments）。

③提供機會去分析成熟及經驗過程的關係。

④提供機會去研究文化及環境的改變，對幼兒行為及人格之影響。

其缺點為：

①較費時，通常需要新的實驗者繼續追蹤研究。

②研究經費昂貴。

③所得資料處理不便。

④難以維持最初的研究樣本。

⑤必須時常以追溯的報告（retrospective reports）來補充資料。

幼兒保育的研究方法

1.直接研究法

①直接觀察法（natural observation）

研究者立於純粹旁觀的地位，觀察幼兒在自然情境下的活動，將之記錄下來，收集所欲研究之資料，做為分析與欲解決問題之依據。

・日記法（diary method）

最初使用於研究嬰兒的生長及行為的發展。

・行為觀察法（behavior observation method）

此法主要改良日記法之缺點，做行為專題研究，亦即限制行為觀察的內容。

②控制觀察法（controlled observation）

實驗者預先設計某種情境，來影響幼兒的行為，然後觀察。

・實驗法（experimental method）

實驗者在控制的情境下，有系統地操縱因變數（independent variable），然後觀察因變數系統改變對應變數（dependent variable）所發生的影響。

・測驗法（testing method）

以一組標準化（standardize）過的問題讓幼兒回答，或以一些作業讓幼兒去做，從其結果來評定幼兒的某項特質。

2.間接研究法

①問卷法（questionnaire）

類似測驗法，研究者事先編好一份標準化過的問卷，向幼兒的父母、保育員或其他關係人詢問。

②晤談法（interview）

研究者將所欲得到的資料與父母、保育員面對面地溝通。

③評估法（rating）

研究者就研究內容擬好一定之項目，請幼兒的關係人，就每一項目評
定等級。

第三單元　歷屆聯考試題集錦

（ D ）1.最省時方便的幼兒觀察記錄方式是　(A)日記式記錄法　(B)時間取樣法　(C)軼事記錄法　(D)檢核表法。【85保送甄試】

（ C ）2.幼兒的教育應：　(A)「育」重於「教」　(B)「教」重於「育」　(C)「育」「教」並重　(D)以上皆非。【84保送甄試】

（ B ）3.想了解不同的教學法對幼兒害羞行為的影響，宜採何種研究方法？　(A)直接觀察法　(B)實驗法　(C)個案研究法　(D)社會調查法。【85台北專夜】

（ C ）4.對相同的幼兒進行長時間的觀察研究，宜選用的研究法是　(A)晤談法　(B)測量法　(C)縱貫探究法　(D)橫斷探究法。【84四技商專】

（ D ）5.下列有關幼兒保育研究法的敘述，何者有誤？　(A)欲了解年齡與某行為之間的關係可採用橫斷法　(B)縱貫法常運用在幼兒生長或發展方面的研究　(C)個案研究法是彙集各種研究法的方法　(D)日記描述法易於實施，記錄省時又省力。【86嘉南、高屏專夜】

（ B ）6.托兒所的最高主管機關是：　(A)教育部　(B)內政部　(C)社會處　(D)教育廳。【83普考】

（ A ）7.橫斷法的研究方式，優點為　(A)節省研究時間　(B)能了解不同時間內文化及環境的影響　(C)只需1、2個研究對象即可　(D)能長時間觀察幼兒發展的情形。【85嘉南、高屏專夜】

（ D ）8.以縱貫法研究幼兒發展的優點，下列何者正確？　(A)節省研究時間　(B)可以同時描述不同年齡幼兒的發展特徵　(C)節省研究經費　(D)可研究文化及環境的改變對幼兒行為及人格之影響。【85台北專夜】

（ C ）9.在兒童發展的研究方法中，下列哪一種最能夠提供因果關係的推論？　(A)觀察法　(B)個案研究法　(C)實驗法　(D)調查法。【85普考】

（ D ）10.下列有關幼兒行為的觀察記錄，何者最正確？　(A)「王小華是個

守秩序、有禮貌的孩子」 (B)「王小華總是令人擔心」 (C)「王小華哭起來，一發不可收拾」 (D)「王小華今天早上大部份的時間單獨一個人玩」。【86四技商專】

（ A ）11.欲取得幼兒行為「質」的資料，採用下列何種觀察法最適合？ (A)樣本描述法 (B)時間取樣法 (C)檢核表 (D)評量表。【86四技商專】

（ B ）12.在幼稚園中，老師應該最常用的研究方法為： (A)評量法 (B)自然觀察法 (C)實驗研究法 (D)測驗法。【81、82幼教學分班】

（ A ）13.針對被研究對象的不同年齡階段加以研究，觀察在不同年齡階段中所表現的行為模式，此種研究方法稱為 (A)縱貫法 (B)橫斷法 (C)訪視法 (D)測量法。【86台中專夜】

（ A ）14.下列哪一種研究方法容易產生學習效應？ (A)縱貫法 (B)橫斷法 (C)個案研究法 (D)以上皆是。【82幼師甄試】

（ C ）15.在固定的時間間隔內，觀察預先選定的行為，這種觀察法稱為： (A)軼事記錄法 (B)事件樣本法 (C)時間樣本法 (D)行為描述法。【82四技商專】

（ C ）16.陳老師在記錄本上寫著「小華拿起長條積木，朝向美美說『砰！砰！』，然後倒在地上；過了一分鐘，小華到語文角拿起一本動物故事書閱讀」，陳老師所使用的觀察記錄法是： (A)事件取樣法 (B)時間取樣法 (C)軼事記錄法 (D)日記敘述法。【82四技商專】

（ A ）17.依托兒所設置辦法之規定，托兒所之半日制時間應為 (A)3～6 (B)5～12 (C)8～16 (D)7～12 小時。【82保送甄試】

（ D ）18.依托兒所設置辦法之規定，托兒所之全托制，每日收托時間應為 (A)3～6 (B)5～12 (C)8～16 (D)24 小時。【82保送甄試】

（ C ）19.研究者直接與研究對象會面，用談話方式取得資料或查詢幼兒狀況，是下列何種研究法？ (A)測量法 (B)評定法 (C)晤談法 (D)問卷法。【85四技商專】

（ B ）20.若想了解兒童在不同年齡階段道德發展情形，針對同一群對象從

3歲觀察到15歲，下列何種研究法最適合？　(A)橫斷法　(B)縱貫法　(C)回溯法　(D)實驗法。【85嘉南、高屏專夜】

（　B　）21.如果想了解班上幼兒的攻擊行為，使用哪一種觀察法最適合？
(A)時間取樣法　(B)事件取樣法　(C)日記法　(D)樣本描述法。
【86四技商專】

（　A　）22.幼兒園所對家庭擔負很多幼兒保育的責任，下列何者為不適當的
責任？　(A)取代家庭教養幼兒　(B)聯絡家庭推廣親職教育　(C)
輔導家長配合教導實施　(D)勸導行為不當的家長。【86保送甄
試】

（　C　）23.幼兒教育的對象應該是　(A)身心健康的幼兒　(B)身心障礙的幼
兒　(C)身心健康與身心障礙的幼兒　(D)部分身心健康與身心障
礙的幼兒。【85保送甄試】

（　C　）24.下列何者為保育工作的主要功能？　(A)提供孩子學習才藝的機會
(B)協助兒童學前教育的完成　(C)促使兒童獨立、自主、適應良
好　(D)提供兒童最精美的設備。【85台北專夜】

（　D　）25.李老師想要探究幼兒對社會行為發生的原因及解決辦法，為節省
精力與時間，李老師每次在幼兒園發現有幼兒互相幫忙或討論的
行為時便記錄下來，便於日後分析。試問李老師是採用何種研究
法？　(A)個案研究法　(B)時間取樣法　(C)傳記法　(D)事件取
樣法。【83幼師甄試】

（　A　）26.有關托兒所收托特殊幼兒的規定哪一項是錯誤的？　(A)特殊幼兒
乃指障礙幼兒與智障幼兒，並未包括資賦優異幼兒　(B)政府已
在特殊教育法中規定托兒所可附設特殊教育班　(C)政府已將特
殊教育的實施階段提前至學前教育階段　(D)特殊幼兒有其特殊
的需要，在保育上應注意特別的輔導。【82四技商專】

（　D　）27.研究者針對一群年齡相同的幼兒，自其進入托兒所至國中畢業期
間，間歇地、重複地進行生長發展的觀察，這是屬於下列哪一種
研究法？　(A)個案研究法　(B)橫斷研究法　(C)測量研究法
(D)縱貫研究法。【90統一入學測驗】

（　A　）28.婚前健康檢查，以預防不良遺傳，這是「五善政策」中的哪一項

政策？ (A)善種政策 (B)善生政策 (C)善養政策 (D)善保政策。【90統一入學測驗】

（ B ）29.以日記法研究幼兒的生長及行為發展係屬於何種觀察法？ (A)控制觀察法 (B)自然觀察法 (C)參與觀察法 (D)間接觀察法。【81幼專】

（ C ）30.從事幼兒保育的研究時若研究者的方法是以一個幼兒為對象有系統的搜集研究對象的一切資料以瞭解他的整個性格、行為以及形成此種性格、行為的因素。此種研究方法稱作： (A)觀察法 (B)實驗法 (C)個案研究法 (D)評定法。【81四技商專】

（ C ）31.布魯納的表徵系統應用在教學上，就是一種： (A)問題教學法 (B)設計教學法 (C)啟發式教學法 (D)發表教學法。【82四技商專】

（ C ）32.下述何種作法會妨礙學校為幼兒營造一個健康的心理環境？ (A)有愛心的關懷及耐心的指導 (B)尊重幼兒的想法 (C)以成人的標準去要求幼兒 (D)提供有利於幼兒自動自發學習的環境。【82幼二專】

（ D ）33.下列何者不是幼兒的基本需求？ (A)愛與安全的需求 (B)求知與經驗的需求 (C)讚許與認可的需求 (D)與同儕競爭的需求。【82四技商專】

（ C ）34.艾瑞克遜（Erikson）認為3至6歲，是何種人格特質的關鍵期？ (A)信任與不信任 (B)自主與羞辱感 (C)進取與罪惡感 (D)勤勉與自卑感。【82四技商專】

（ B ）35.幼兒學習的原則是： (A)由圖片→符號→圖像 (B)由實物→圖像→符號 (C)由符號→圖片→實物 (D)由圖片→實物→符號。【83保送甄試】

（ A ）36.處於性器期的孩子，正面臨何種人格發展任務？ (A)進取與罪惡感 (B)自主與羞辱感 (C)勤勉與自卑感 (D)信任與不信任。【81四技商專】

（ A ）37.根據艾瑞克遜（Erikson）所提出的發展危機論，個體發展對人信賴的關鍵期約在？ (A)出生至一歲半 (B)一歲半至三歲 (C)三

歲至六歲　(D)六歲至青春期。【83台北專夜】

（ A ）38.以日記法記錄幼兒的行為發展是屬何種研究方法？　(A)直接觀察法　(B)控制觀察法　(C)橫斷法　(D)縱貫法。【83保送甄試】

（ D ）39.下列關於兩歲半的幼兒敘述，何者錯誤？　(A)處於肛門期　(B)處於動作表徵期　(C)面臨自主與羞辱感的人格發展任務　(D)處於預思預備期的直覺期。【83四技商專】

（ D ）40.個體在發展過程中，假設有一個特殊的時期，其成熟度最適合學習某種行為則此時期為？　(A)轉型期　(B)轉換期　(C)學習期　(D)關鍵期。【84保送甄試】

（ A ）41.若對同一幼兒進行長時間的生長或發展研究時，宜選用何種研究法？　(A)縱貫法　(B)問卷法　(C)橫斷法　(D)晤談法。【84四技商專】

（ A ）42.下列何者不是機構式托育的功能？　(A)替代父母的教保功能　(B)擴展幼兒的生活經驗　(C)促進幼兒身心平衡發展　(D)奠定幼兒良好的學習基礎。【84四技商專】

（ D ）43.現階段的幼兒保育應該：　(A)以養護為主　(B)以教育為主　(C)以養護為主受教育為輔　(D)養護與教育並重。【84保送甄試】

（ C ）44.依據艾瑞克遜的人格發展理論，下列何者不是嬰幼兒期的發展任務？　(A)建立對人的信任感　(B)建立自動自發的主動性　(C)建立勤奮學習的責任感　(D)建立自我控制的自主能力。【84四技商專】

（ D ）45.托兒所每一活動的段落時間不宜過長，是因為幼兒的何種特性？　(A)好奇心強　(B)模仿力強　(C)想像力豐富　(D)注意力短暫。【84四技商專】

（ C ）46.幼兒的教育應：　(A)「育」重於「教」　(B)「教」重於「育」　(C)「育」「教」並重　(D)以上皆非。【84保送甄試】

（ C ）47.對相同的幼兒進行長時間的觀察研究，宜選用的研究法是：　(A)晤談法　(B)測量法　(C)縱貫探究法　(D)橫斷探究法。【84四技商專】

（ C ）48.托兒所教保工作的內容涵蓋「五善政策」──①善種②善生③善

養④善教⑤善保中的那幾項？ (A)①②③ (B)②③④ (C)③④⑤ (D)②④⑤。【84四技商專】

（ A ）52.幼兒保育的任務，包括：①給予幼兒良好的生長環境②給予幼兒適當的營養③啓發幼兒的智能發展④促進社會化發展： (A)①②③④ (B)②③④ (C)①③④ (D)①②④。【85嘉南、高屏專夜】

（ C ）53.在幼兒的學習過程中，讓他們自己去做、自己去看、自己去想、自己去經歷，這是屬於： (A)環境的影響性 (B)興趣的必要性 (C)活動的自發性 (D)發展的連續性。【85台中專夜】

（ D ）54.現行兒童福利法所稱兒童係指未滿幾歲者？ (A)3歲 (B)6歲 (C)10歲 (D)12歲。【85保送甄試】

（ C ）55.國內現行幼兒保育內容不包括下列那一項？ (A)營養與健康管理 (B)安全教育 (C)國字先修 (D)生活輔導。【85保送甄試】

（ B ）56.想了解不同的教學法對幼兒害羞行為的影響，宜採何種研究方法？ (A)直接觀察法 (B)實驗法 (C)個案研究法 (D)社會調查法。【85台北專夜】

（ B ）57.托兒所的托育服務是屬於那一類型之兒童福利服務？ (A)支持性 (B)補充性 (C)替代性 (D)救濟性。【85台北專夜】

（ D ）58.發展過程的「循序漸進」特性，最能說明下列何種發展原則？ (A)發展的方向性 (B)發展的統整性 (C)發展的個別差異性 (D)發展的連續性與階段性。【85四技商專】

（ C ）59.依馬斯洛「動機階層論」，人類最高層的需求是： (A)生理需求 (B)安全的需求 (C)自我實現的需求 (D)自尊的需求。【85嘉南、高屏專夜、台中專夜】

（ D ）60.在下列何種時期，若幼兒需求未能得到適當的滿足時，依據弗洛伊德的理論，會有頑固、吝嗇等性格傾向？ (A)性器期 (B)口腔期 (C)潛伏期 (D)肛門期。【85四技商專】

（ C ）61.處於肛門期的幼兒，依據艾瑞克遜的理論，其人格發展任務是下列何者？ (A)信任與不信任 (B)勤奮與自卑 (C)自主與懷疑 (D)主動與內疚。【85四技商專】

（ C ）62.依據弗洛依德的心理分析論，三歲至六歲幼兒的人格發展階段
為： (A)自我期 (B)肛門期 (C)性器期 (D)口腔期。【85台
中專夜】

（ B ）63.根據艾瑞克遜（Erikson）人生八階段的理論，認為人格發展有八
個關鍵階段，而幼兒期就佔其八階段的： (A)前兩階段 (B)前
三階段 (C)前四階段 (D)前五階段。【85保送甄試】

（ B ）64.下列有關幼兒生理發展特質的敘述，何者有誤？ (A)幼兒期因從
母體得來的免疫體逐漸消失，所以發生的疾病很多 (B)幼兒血
管粗，心臟小，所以血壓高 (C)幼兒頭重腳輕，所以容易跌倒
(D)幼兒期神經系統和細小肌肉尚未發達，所以需加強大肌肉的
發展。【85台北專夜、87保送甄試】

（ A ）65.國民小學附幼的啟聰班是招收那一種身心障礙的幼兒？ (A)聽覺
障礙 (B)視覺障礙 (C)智能不足 (D)肢體殘障。【81四技商
專】

（ B ）66.學齡兒童是指： (A)學齡前幼稚園的幼兒 (B)小學生 (C)國中
生 (D)高中生。【85保送甄試】

（ A ）67.下列對幼兒教育的描述何者正確？ (A)需透過遊戲達成幼教目標
(B)是家庭托兒的擴充 (C)訓練各種才藝 (D)是小學的先修教
育。【85保送甄試】

（ C ）68.研究者直接與研究對象會面，用談話方式取得資料或查詢幼兒狀
況，是下列何種研究法？ (A)測量法 (B)評定法 (C)晤談法
(D)問卷法。【85四技商專】

（ A ）69.幼兒保育的任務，包括：①給予幼兒良好的生長環境②給予幼兒
適當的營養③啟發幼兒的智能發展④促進社會化發展： (A)①
②③④ (B)②③④ (C)①③④ (D)①②④。【85嘉南、高屏專
夜】

（ B ）70.人類需求包含下列層次：①吃得飽及穿得暖②同伴友愛及家庭溫
暖③受人保護及免於恐懼④自尊及受人尊重⑤自我實現。若依據
馬斯洛的理論，下列何者是正確的順序？ (A)①→②→③→④
→⑤ (B)①→③→②→④→⑤ (C)①→④→②→③→⑤ (D)①

→③→④→②→⑤。【85四技商專】

（ B ）71.下列何種發展理論，試圖解釋個體青春期以後的人格發展？　(A)皮亞傑的認知理論　(B)艾瑞克遜的發展危機論　(C)布魯納（Bruner）的表徵系統論　(D)弗洛伊德的人格發展論。【85四技商專】

（ B ）72.對於幼兒「發展」一詞的意義，下列敘述何者為正確？　(A)個體改變的過程是先慢後快　(B)個體改變的範圍包括生理和心理兩方面　(C)個體受環境的影響而不受學習的影響　(D)不具個別差異。【85台中專夜】

（ D ）73.下列敘述何者是「啓發式教學」的缺點？　(A)引導幼兒自動自發的學習　(B)有助學習遷移　(C)容易維持學習動機　(D)不易配合教學。【85四技商專】

（ B ）74.發現所有不同類族社會的幼兒都有愛與安全、求知與經驗、讚許與認可、以及任務與責任等四種需求的心理學家是：　(A)赫威斯（Harighurst）　(B)普靈格（Pringle）　(C)馬斯洛（Maslow）　(D)艾瑞克遜（Erikson）。【86保送甄試】

（ C ）75.教師教學前需有充份的準備，必須考慮幼兒的動機與興趣，使用的教材教法要配合幼兒的智力發展。這是布魯納（Bruner），對幼兒教保活動所提出的那一個原則？　(A)動機原則　(B)結構原則　(C)順序原則　(D)增強原則。【86保送甄試】

（ D ）76.根據馬斯洛（Maslow），人類最基本的需求是？　(A)自尊需求　(B)愛與歸屬需求　(C)安全需求　(D)生理需求。【85、86保送甄試】

（ A ）77.幼兒園所對家庭擔負很多幼兒保育的責任，下列何者為不適當的責任？　(A)取代家庭教養幼兒　(B)聯絡家庭推廣親職教育　(C)輔導家長配合教導實施　(D)勸導行為不當的家長。【86保送甄試】

（ C ）78.有關幼兒保育研究法的敘述，何者有誤？　(A)橫斷法比縱貫法更容易在短時間內蒐集較多的樣本　(B)幼兒不常出現的行為探專業抽樣比時間抽樣合適　(C)日記描述法適合進行大樣本的研究

(D)實驗法比自然實際法需要更周密地控制情境。【87四技商專】

（ A ）79.幼兒活動室的空氣、溫度和濕度對學習效率都會有影響，下列情況哪一種最適合幼兒？　(A)溫度20℃，氧氣20％，二氧化碳0.03％，濕度50％　(B)溫度78℉，氧氣14％，二氧化碳20％，濕度70％　(C)溫度29℃，氧氣19％，二氧化碳3％，濕度60％　(D)溫度58℉，氧氣20％，二氧化碳0.00％，濕度50％。【87保送甄試】

（ D ）80.布魯納（Bruner）認為個體心智能力的發展是經由三種思考方式循序漸進的歷程，這些歷程是：　(A)符號表徵→形象表徵→動作表徵　(B)形象表徵→動作表徵→符號表徵　(C)動作表徵→符號表徵→形象表徵　(D)動作表徵→形象表徵→符號表徵。【87保送甄試】

（ B ）81.依據艾瑞克遜（Erikson）的理論，兩歲半的幼兒面臨何種發展上的衝突？　(A)信任與不信任　(B)自主與羞愧　(C)主動與內疚　(D)勤奮與自卑。【87四技商專】

（ B ）82.下列何者非時間取樣觀察的特性？　(A)適用外觀可觀察到的行為　(B)適用於幼兒精神層面的行為　(C)適用於幼兒經常發生的行為　(D)必須在很短的時間內判斷行為並劃記在表格中。【87嘉南、高屏專夜】

（ C ）83.布魯姆（Bloom）把教育目標分為哪三個領域？　(A)認知、創造、動作（技能）　(B)認知、情境、氣質　(C)認知、情意、動作（技能）　(D)認知、創作、情意。【88台中專夜】

（ D ）84.下列何者不是布魯納（Bruner）的表徵系統論所提出的原則：(A)動機原則　(B)結構原則　(C)增強原則　(D)義務原則。【88台北專夜】

（ D ）85.艾瑞克遜將人生的發展分為8個階段，其中對於「主動對內疚」（Initiative V.S. Guilt）的描寫何者錯誤？　(A)此期是「性別認同」的時期　(B)年齡約在3到6歲左右　(C)開始對發展其想像力與自由參與活動感到興趣　(D)此期逐漸步入獨立自主的階段。【88四技商專】

（ C ）86.咪咪最近有明顯的攻擊及打人行為發生，老師百思不得其解，宜探何種觀察法來進行了解，進而分析其原因？ (A)時間樣本法 (B)日記法 (C)事件樣本法 (D)實驗法。【88台中專夜】

（ C ）87.在短時間內研究不同年齡之幼兒，以探知年齡和行為間之關係，可採用何種研究法？ (A)個案研究法 (B)縱貫研究法 (C)橫斷研究法 (D)時間序列研究法。【88四技商專】

（ D ）88.有關「自我」的敘述，下列何者正確？ (A)對「本我」有監督的功能 (B)從「超我」發展而來 (C)為「理想性的我」 (D)受「現實原則」支配 (E)受「唯樂主義」支配。【89推薦甄試】

（ C ）89.幼兒充分獲得父母之愛，在愉快的環境中成長，幼兒覺得有歸屬感。在心理學家馬斯洛（Maslow）「人類需求層次論」中，是屬於那一需求層次？ (A)生理需求 (B)安全需求 (C)愛和歸屬的需求 (D)自尊的需求 (E)自我實現。【88推薦甄試】

（ A ）90.「自主對羞愧感與懷疑期」的幼兒，成人應該採何種態度對待？ (A)在安全考量的範圍內，鼓勵幼兒獨立自主 (B)是發生意外災害最多的年齡，能幫助幼兒做的事就替他做 (C)凡事幼兒自己來，以免長大後對自己沒有信心 (D)順其自然 (E)多鼓勵，完全不要責備。【89推薦甄試】

（ A ）91.媽媽告訴小寶：「不可以摸！燙燙！」，但小寶還是去摸。這是屬於何種認知發展期？ (A)感覺動作期 (B)運思期 (C)直覺期 (D)具體運思期 (E)形式運思期。【89推薦甄試】

（ E ）92.當幼兒初次見到山貓，便稱呼山貓為「Hello Kitty」。這是屬於何種現象？ (A)學習模仿現象 (B)創造現象 (C)適應現象 (D)調適現象 (E)同化現象。【89推薦甄試】

第二章

幼保思潮與演進

第一單元　綱要表解

一、幼教思潮	
（一）柯門紐斯	1.強調平民主義。 2.注重自然的教育，順應自然的程序進行。 3.直覺經驗導向的教學。
（二）盧梭	1.順應自然。 2.重視經驗之累積。 3.重視兒童的個別差異，順應其發展。 4.個人與社會人的調配原則。
（三）裴斯塔洛齊	1.教育應在社會中才能見效。 2.教育對象為全體兒童，尤其是貧困家庭兒童。 3.倡直覺化教學法。 4.重視母教及家庭教育。
（四）福祿貝爾	1.基本原則：自我發展、自我活動、社會參與。 2.重視遊戲教學及恩物教學。 3.幼教之父、幼稚園及恩物的創始者。
（五）蒙特梭利	1.教學的三項重要因素：①環境②教師③教具。 2.提出自由、原則，義務、責任原則。 3.強調兒童學習的敏感期理論。 4.主張提早讀、寫、算的教育。
（六）杜威	1.根本思想：經驗主義、民主主義、實用主義。 2.教育即生活、生長、經驗的改造。 3.啟發兒童能解決問題，培養兒童服務社會。
（七）皮亞傑	1.建構理論：主張個體是藉由處理其從經驗中所得到的資訊，而創造出自己的知識。 2.兒童是經由發展基模（schema）來了解世間萬物的意義。

(七) 皮亞傑	3.皮亞傑將認知發展歷程分為四個主要階段：①感覺動作期（sensorimotor stage）（出生至兩歲）；②運思前期（preoperational stage）（兩歲至七歲）；③具體運思期（concrete operational stage）（七歲至十一歲）；④形式運思期（formal operational stage）（自十一歲或十二歲至成人期）。
(八) 尼爾	1.夏山學校的創始人。 2.尊重每一個幼兒是一個「人」的個體。 3.教育的目的在適應兒童，而不是讓兒童適應學校。 4.重視老師本身之身教，及兒童獨立自由選擇學習事物的權利，但並不放縱。
(九) 張雪門	1.教學的課程以自然的行為為基礎，而經人工篩選。 2.強調知行合一。 3.教材從幼兒實際生活中取材。 4.教學以教師為主體，強調兒童實際行為的發展。
(十) 陳鶴琴	1.重視實驗，不斷總結經驗。 2.建立五指教學法，即健康、社會、科學、藝術、語文，主體不分枝，並配合幼兒生活實施於教學中。

第二單元　重點整理

一、幼兒保育思潮

當代世界有名的學者，依出現的時間順序，依序介紹如下：

（一）柯門紐斯（John Amos Comenius, 1592～1670）

1.尊稱：幼兒教育先驅，近代教育思想之父。【88台北專夜】

2.教育思想

①以宗教觀爲主，柯氏認爲人類生活在追求生命的永生。

②知識、道德、宗教三者爲人的天性，需賴教育的力量去培植。

3.教育方法

強調教育方法應順著自然的「秩序」進行，因此提出四大原則：

①確切原則

　a.人類教育應以兒童時期，每日教學以清晨爲佳。

　b.教學活動以材料爲先，形式爲後。

②容易原則

　a.實施啓發式及建構式教學（Heuristic & Constructive Teaching）。

　b.教學時應由淺入深，讓學生發揮潛能。

③徹底原則

　a.以全人生爲努力的範圍。

　b.教學工作應鍥而不捨，有始有終。

④簡速原則

　a.學校實施團體教學，一切教學需齊頭並進。

　b.教材以實用爲原則。

4.兒童發展分期（大教育學的內容）。

①母親學校（1～6歲）【85、86保送甄試】

　a.爲幼稚時期教育，又稱「褓姆學校」。

　b.以母親爲老師，養成秩序、清潔、虔誠等美德。

②國語學校（7～12歲）

　　a.為兒童時期教育，又稱為「初等學校」。

　　b.人人均需的普通教育。

③拉丁學校（13～18歲）

　　a.為少年時期教育，又稱為「中等學校」。

　　b.須透過考試選才。

④大學教育（19～24歲）

　　a.又稱為「高等教育」。

　　b.以考試方式，愼選智優者入學。

　　c.發展「意志能力」。

5.貢獻

①強調平民主義，即不論性別或階級之侷限，皆有受教育的機會。

②注重自然的教育。

③教育以兒童為重心。

④注重母教的重要性。

⑤以直覺化經驗的教學，強調實體教學。

⑥編製有插圖的教科書：「世界圖解」。

⑦主張單一的學校組織。

⑧主張泛智教育，以應付實際生活的需求。

6.著作

①「大教育學」（代表作）。

②「世界圖解」：為世界第一部有插圖的啓蒙教科書，全書共150幅插圖，屬語文科教科書。

（二）盧梭（Jean Jacques Rousseau, 1712～1778）

1.尊稱：自然主義之父，現代兒童心理學的鼻祖。

2.教育思想

①教育的目的：生長。

②教育應順乎自然，以兒童為本位。

③直覺化的教學原理：以客觀的事物去認識事物，反對以教科書為

　　　主的教育。

　　④自動的學習原理：促進自動自發，使其自由發展，雖以消極為
　　　名，實質上為積極教育。

　3.教育方法

　以「愛彌兒」一書描寫兒童理想之教育方式，書中強調「兒童不是成
人的縮影」，共分五篇：

　　①家庭教育與體育期（0～5歲）

　　　　a.以「身體養護」為主。

　　②感官教育期（5～12歲）

　　　　a.以感官接觸外界事物，多摸多看。

　　③理性與手工教育期（12～15歲）

　　　　a.注重知識及手工教育。

　　④感情教育期（15～20歲）

　　　　a.又稱為社會的誕生。

　　⑤女子教育期：女子應服從男子，男主外，女主內。

　4.貢獻

　　①自然主義思想創始人。

　　②重現兒童的個性。

　　③以兒童為教育重心。【86台北專夜】

　　④強調兒童的身體活動。

　　⑤打破形式的教育方式。

　　⑥啟建幼教思想：被杜威（Dewey）封為「教育的哥白尼式革命
　　　家」。

　5.著作

　　①愛彌兒。

　　②尼約論。

　　③懺悔錄。

（三）裴斯塔洛齊（Johann Heinrich Pestalozzi, 1744～1827）

　1.尊稱：貧苦兒童的導師，孤兒之父。

2.教育思想

①完人教育：手＋腦＋心的訓練，又稱為3H教育。

②強調社會之重要性。

3.教育方法

①直觀教學法（三要素為數、形、名），又稱為直觀Ａ、Ｂ、Ｃ。

【86嘉南、高屏專夜、88保送甄試】

②裴氏認為人的能力包含：

a.知識面：以直觀的方法去獲得正確的觀念。

b.技能面：提倡勞作教育，注重實際能力的養成。

c.道德面：強調由自然人→社會人→道德人的過程。

③直觀是教學的基礎。

④教育的對象為全體兒童。

4.貢獻

①首倡直觀教學法。

②主張教育對象乃社會上「全體兒童」。

③開後世用歷史法研究兒童之先河。

④裴氏在瑞士的地位，猶如孔子在中國。

⑤後人在其墓碑上形容他是「人中之神，神中之人」。

⑥注重手工教育。

⑦提倡普及教育。

⑧熱心於貧民教育。

⑨改良教學方法。

5.著作

①「隱士的黃昏」：闡揚盧梭的自然主義思想。

②「林那特與格楚特」：強調教育為改良社會的基礎。

（四）福祿貝爾（Friedrich Wilelm Augnest Froebel, 1782～1852）

1.尊稱：幼教之父，幼稚園及恩物之創始人。

2.教育方法

①「遊戲」教學

a.遊戲是兒童生活中最重要的部分。

b.遊戲的意義為「自發性的自我教育」。

c.幼稚園中最重要的課程。

d.母親的遊戲與兒歌一書為促進幼兒身心健全發展的遊戲教材。

②「恩物」教學

　　a.「恩物」（Gifts）即為「神恩賜給兒童的玩具」。

　　b.共有二十種，前十種稱為「分解恩物」（或遊戲恩物），由立體（3D）→面（2D）→線（1D）→點（0D），逐漸由具體（Concreteness）進入抽象（Abstraction）。後十種稱為「綜合恩物」（或作業恩物），由點（0D）→線（1D）→面（2D）→體（3D），由抽象逐步進入具體。

3.教育基本原則

　①自我發展

　②自我活動

　③社會參與

4.貢獻

　①西元1840年創設世界第一所幼稚園（kindergarden），以花草為兒童，花園為學校，園丁為老師。

　②提出教育是一種開展的歷程。

　③重視兒童個別與團體活動。

　④強調「做中學」（do it yourself, DIY）的概念。

　⑤強調遊戲的重要性。

　⑥發明恩物。

5.著作

　①「母親遊戲與兒歌」。

　②「人之教育」。

（五）蒙特梭利（Dottoressa Mahira Montessori）

1.尊稱：幼兒科學教學法的創始人，幼教女傑。

2.教育思想

①教育的主體是孩子，教師是媒介，環境是工具，教學三要素為環境、教師、教具，形成一個等邊三角形。

②以頭比喻為環境，以胸比喻為教師，以腹比喻為教具。

③提出敏感期觀念，即出生～3歲最具吸收能力，應重視感官訓練；3～6歲，可開始學習讀、寫、算。

3.教育方法

①自由原則或自動原則：重視自我矯正的能力，並藉由獨立來達到自由。

②義務原則或責任原則：不施以獎懲，管理的責任屬於兒童自己，採自然原則。

4.兒童之家

①語言教學採塞根三段教學→命名→辨認→發音。

②反覆練習是兒童學習的方法。

③教學內容：

　a.體育訓練：3～6歲為練習筋骨最重要的時期。

　b.感官訓練：蒙氏發明許多教具來訓練感官的發展。

　c.知的訓練：包括教學的基本概念、語言訓練、社交能力的發展。

　d.生活訓練：由兒童的親自操作過程中，訓練良好的日常生活習慣與技能。

5.教具內容

①感官教具

　a.視覺教具：圓柱體、彩色柱體、粉紅塔、棕色梯、長棒、實體認識袋。

②讀寫教具

③算術教具：串珠遊戲、塞根板、數塔、紡錘棒箱（認識0～9之數字）、數棒等。

④日常生活訓練

⑤文化教具：地圖、樂器、地球儀、植物卡等。

6.貢獻

①從醫學及生物學的科學角度論兒童教育。

②強調早期環境的重要性，重視自動自發的學習樂趣，強調敏感期對兒童教育的重要性，與近代心理學家布洛姆研究兒童智力發展結果類似。

③主張提早實施讀、寫、算的能力。

④對智障兒童特別用心。

7.著作

①「人類的教育學」。

②「科學的教育學」。

③「蒙特梭利教學法」。

④「早期童年的教育法」。

8.批評

①偏重認知教育，而忽略創造與想像教育。

（六）杜威（John Dewey, 1859～1952）

1.尊稱：從做中學（learning by doing）的倡導者，經驗主義之父、芝加哥實驗學校的創始人。

2.教育思想

①經驗主義：經驗能替人解決生活上的實際問題。

②實用主義：主張從做中學，而逐步產生設計教學法。

③民主主義：主張人人有相等的求知與受教機會。

3.教育本質

①教育即生活。

②教育即生長。

③教育即經驗的改造。

4.教育方法：在生活中，針對問題，解決問題，採問題導向教學法。

5.課程主張：教材的選擇不偏兒童本位，亦不偏社會本位，為折衷派。

6.貢獻

①教育即生活，教育即生長，重視實際生活經驗，為典型的全人教

育。

②從做中學：強調兒童自動學習。

③兒童本位教育：個性適應。

④學校即社會，教學上注重群性的陶冶。

7.批評

①偏重實用主義，而缺乏理想。

②從做中學的方法，所得知識零碎，而沒有系統。

③教育即生活需去蕪存菁，去僞存眞。

④忽略精神的陶冶及倫理的啓發。

（七）皮亞傑（Jean Piaget, 1896～1980）

1.尊稱：發展心理學權威教育家，人類智慧的探索者，認知論的泰
斗。

2.教育思想

①智能發展基本歷程

基模（schema）→順應〔同化（assimilation）、調適
（accommodation）〕→平衡三要素交互作用。

②智能發展四階段

a.感覺動作期（出生～2歲）（sensorimotor stage）：嬰兒主要透過
感官、肌肉和環境互動（interaction）。

b.運思預備期（2～7歲）（preoperational stage）：

・運思前期（2～4歲）：以自我爲中心，不能對事物作客觀的
分析和處理。

・直覺期（4～7歲）：具一些概念判斷之能力，例如：分類、
比較、數量等概念形成，逐漸有保留概念。

c.具體運思期（7～11歲）（concrete operational stage）：能對事物
分類，有序列概念，瞭解數學上的可逆性。

d.形式運思期（11歲以上）（formal operational stage）：能以抽象
的概念解決問題，具邏輯性的推理，並能以公式表示假設並驗
證之。

3.貢獻

①皮亞傑的兒童心理學專門研究了思惟模式擴展的過程和規律。他
發現存在兩種基本途徑：當出現新情況時第一步是力圖把它納入
舊的思惟模式中，同時對舊模式作數量（quantitative）上的補充
（同化）。

②是最具影響力的認知發展論者。

③重視實物教學與語文教學的功能。

④注重兒童經由探索→發明→發現的歷程來攝取數理知識。

⑤重視教學歷程及教師地位的重要性。

（八）尼爾（A. S. Neill, 1983～1973）

1.尊稱：夏山學校的創始人。

2.教育思想

①肯定獨立的個人，兒童應該運用自己的力量來尋求連繫，而不是
透過壓力來尋求安全感。

②重視兒童愛和幸福。

③放棄處罰，相信兒童具有良善的本性。

④愉快的工作及發現快樂是教育的目標，也是生命的目的。

3.貢獻

①重視人本（humanistic）教育，透過教師的引導，協助從身教感化
中孕育的氣質、風度，並因而發揮人的潛能，而自我實現。

②創夏山學校，使世人對教育有更深入的省思。

（九）張雪門（1891～1973）

1.尊稱：中國幼兒教育專家、中國幼教先驅、行為課程教學法的創始
人，有南陳北張之喻。

2.教育思想

①根據杜威，教育即生活中「從做中學」的理論，以實際生活為取
材的對象。

②強調幼兒科學教育的重要性。

3.貢獻

①是中國第一位力倡幼兒教育的人。

②創立「行為課程教學法」，盛行於民國49～56年。

③創立「導生制度」。

④開幼稚園課程及師範生實習的先河。

⑤開始台灣的幼教工作。

⑥創立師範生兩年三階段的實習計畫，即參觀、參與、支配三步驟。

⑦受杜威「教育即生活」及陶行之「知行合一」說之影響。

（十）陳鶴琴（1892～1982）

1.尊稱：五指教學法的創始人，中國的福祿貝爾，有南陳北張之喻。

2.教育思想

①思想受杜威影響頗深。

②倡立「五指教學法」，形成一種整體而連貫的教學方式，將課程分為健康、社會、科學、藝術、語文五大類。

3.貢獻

①民國12年，於南京創立我國第一所幼稚園：「鼓樓幼稚園」。

②民國29年，於江西創辦我國第一所公立幼兒師範學校。

③創五指教學法。

④與張雪門喻為「南陳北張」。

第三單元　歷屆聯考試題集錦

（　A　）1.下列敘述何者錯誤？　(A)張雪門創辦我國第一所幼稚園　(B)陳鶴琴創辦我國第一所公立幼兒師範學校　(C)蒙特梭利認爲教育是由教師、學生、環境形成一個三角形，彼此影響　(D)柯門紐斯採直觀教學法，倡導實物教學法。【85四技商專】

（　D　）2.福祿貝爾的二十種恩物，依序爲　(A)面→線→點→立體　(B)點→線→面→立體　(C)立體→點→線→面　(D)立體→面→線→點。【85台中專夜】

（　C　）3.下列哪一位教育家認爲教育的主要內容是陶冶三Ｈ：Head、Heart、Hand？　(A)柯門紐斯（Comenius）　(B)福祿貝爾（Froebel）　(C)裴斯塔洛齊（Pestalozzi）　(D)盧梭（Rousseau）。【85四技商專】

（　B　）4.西方幼兒教育最早期的性質是：　(A)貴族兒童的享受　(B)貧苦兒童的救濟　(C)商人兒童的啓蒙　(D)一般兒童的保育。【81幼教學分班】

（　D　）5.下列敘述何者不符合各國幼兒保育的發展趨勢？　(A)提高幼兒學校教師的素質與待遇　(B)重視幼兒教育的重要性　(C)趨向全民化　(D)由國家管理轉向私人經營。【82四技商專】

（　B　）6.蒙特梭利（Montessori）教具中的紡錘棒箱，是屬於下列何種教具？　(A)視覺教具　(B)算術教具　(C)觸覺教具　(D)讀寫教具。【85四技商專】

（　C　）7.著「訓蒙大意」以表明其兒童教育思想的教育家是　(A)陳鶴琴　(B)張雪門　(C)王陽明　(D)朱熹。【80、81幼師甄試】

（　B　）8.強調「兒童的權利」，倡導「消極教育」的教育家，是下列何者？　(A)裴斯塔洛齊　(B)盧梭　(C)柯門紐斯　(D)福祿貝爾。【85四技商專】

（　A　）9.下列哪位教育家特別強調母親與子女之間的關係，大聲疾呼爲人母者應親自養育自己的子女？　(A)盧梭　(B)洛克　(C)蒙特梭利

(D)皮亞傑。【83幼師甄試】

（ D ）10.下列配對何者不正確？　(A)杜威—美國　(B)福祿貝爾—德國　(C)蒙特梭利—義大利　(D)柯門紐斯—瑞士。【87台北專夜】

（ B ）11.以強調感官訓練，培養幼兒自動學習態度的幼教學者是　(A)盧梭　(B)蒙特梭利　(C)福祿貝爾　(D)皮亞傑。【85台中專夜】

（ B ）12.主張人本主義，創立夏山學校的是　(A)盧梭　(B)尼爾　(C)杜威　(D)蒙特梭利。【85嘉南、高屏專夜、86四技商專】

（ B ）13.世界第一所幼稚園是由福祿貝爾於西元　(A)1837　(B)1840　(C)1842　(D)1835　年創於德國的布朗根堡。【83幼教學分班】

（ B ）14.「愛彌兒」中，強調注意「感官訓練」的是　(A)0～5　(B)5～12　(C)12～15　(D)15～20　歲的需求。【83台北專夜】

（ D ）15.以下何者不是五指教學法的課程內容之一？　(A)健康　(B)社會　(C)語文　(D)工作。【85嘉南、高屏專夜】

（ A ）16.編製世界第一幅有插圖的教科書是為　(A)柯門紐斯　(B)盧梭　(C)裴斯塔洛齊　(D)杜威　其插圖共有150幅。【82幼學士班、80幼師甄試】

（ B ）17.中國第一位提倡行為課程教學法的是？　(A)陳鶴琴　(B)張雪門　(C)胡適　(D)陶行之。【85嘉南、高屏專夜】

（ D ）18.下列關於柯門紐斯幼教思想的敘述，何者錯誤？　(A)認為教育的目的在為永生作預備　(B)主張兩性的教育內容應一視同仁　(C)確切、容易、徹底及簡速為其教育基本原則　(D)主張「母親學校」（Mother　School）的功能在於培養幼兒的想像能力。【83四技商專】

（ D ）19.盧梭在愛彌兒一書中，描述愛彌兒所接受的教育分為五個階段，其順序為　(A)感官教育期→體育期→理性與手工教育期→感情教育期　(B)感官教育期→體育期→感情教育期→理性與手工教育期　(C)體育期→感官教育期→感情教育期→理性與手工教育期　(D)體育期→感官教育期→理性與手工教育期→感情教育期。【83四技商專】

（ B ）20.下列何者不是盧梭和裴斯塔洛齊在幼兒教育上的共同觀點？　(A)

幼兒應透過與實物實際接觸的方式來學習　(B)教育的場所應遠
離人類社會　(C)教育應依循幼兒發展的自然順序而進行　(D)道
德教育不應透過書本來進行。【83四技商專】

（ D ）21.下列關於福祿貝爾幼教思想的敘述，何者錯誤？　(A)強調遊戲對
幼兒發展的重要性　(B)重視幼兒個別與團體的活動　(C)教育思
想中含有宗教神秘色彩　(D)將特殊兒童的教育方法，運用在恩
物的設計上。【83保送甄試、83四技商專】

（ A ）22.下列關於蒙特梭利幼教思想的敘述，何者錯誤？　(A)重視創造性
與想像性活動　(B)自由與義務為其教育原則　(C)以醫學與生物
學的觀點來探討兒童教育　(D)主張四歲幼兒即可經由感官及動
作教育的自然演化，開始學習讀、寫、算。【83四技商專】

（ A ）23.下列有關杜威教育思想的敘述，何者錯誤？　(A)在教材的選擇
上，偏向兒童本位，忽略社會本位　(B)經驗為個體與環境交互
作用的歷程　(C)教育僅有當前與暫時的目的，沒有終極目的
(D)知識與觀念的正確與否，視其能應付環境，解決困難為準。
【83四技商專】

（ A ）24.蒙特梭利教具與福祿貝爾恩物之間一項重要的差異是　(A)蒙氏教
具較偏重認知而忽視創造與想像　(B)蒙氏教具較能兼顧情感陶
冶　(C)蒙氏教具提供較多社會合作的情境　(D)蒙氏教具較多操
作上的變化。【82四技商專】

（ A ）25.福祿貝爾（Froebel）的第11至20個恩物，性質為何？　(A)可依幼
兒想法，作種種變化使用　(B)需按照一定的規則、步驟操作
(C)只能把玩，不可改變原形　(D)彼此不可拆開、混合使用。
【86台北專夜】

（ C ）26.蒙特梭利認為教育是由那三者形成一三角形？　(A)教師、環境、
教材　(B)教師、學生、教材　(C)教師、學生、環境　(D)教師、
學生、家長。【86台中專夜】

（ D ）27.下列蒙氏教具中，何者是為寫字預作準備的教具？　(A)長棒
(B)色板　(C)塞根板　(D)幾何嵌圖板。【81四技商專】

（ C ）28.柯門紐斯（J. A. Comenius）理想的學校教育認為「母親學校」階

段，應以培養孩子　(A)想像能力　(B)理解能力　(C)感官能力　(D)意志力　為目的。【83幼師甄試】

（ D ）29.世界上第一位主張採直觀教學法，提倡實物教學的學者是　(A)裴斯塔洛齊　(B)洛克　(C)盧梭　(D)柯門紐斯。【81四技商專】

（ D ）30.以下哪一種能力不是福祿貝爾遊戲中主要培養的重點？　(A)合作　(B)守紀律　(C)自由的真諦　(D)爭取勝利。【85嘉南、高屏專夜】

（ A ）31.最早提出兒童本位思想的幼教先驅是　(A)盧梭　(B)柯門紐斯　(C)裴斯塔洛齊　(D)福祿貝爾。【80幼教學分班、82保送甄試】

（ C ）32.盧梭對幼兒教育最大的貢獻是提倡　(A)平民教育　(B)遊戲學習　(C)兒童本位的教育　(D)男女平等的教育。【82幼教學分班】

（ A ）33.下列哪位教育家特別強調母親與子女之間的關係，大聲疾呼為人母者應親自養育自己的子女？　(A)盧梭　(B)洛克　(C)蒙特梭利　(D)皮亞傑。【83四技商專】

（ A ）34.《愛彌兒》一書的作者　(A)盧梭　(B)裴斯塔洛齊　(C)柯門紐斯　(D)杜威。【80四技商專、82、83幼師甄試】

（ C ）35.最先主張兒童教育應順乎自然的教育家是　(A)裴斯塔洛齊　(B)福祿貝爾　(C)盧梭　(D)蒙特梭利。【80幼教學分班】

（ B ）36.主張「上帝創造萬物皆善，因人之干擾而變壞。」的說法的幼教哲學家為　(A)柯門紐斯　(B)盧梭　(C)福祿貝爾　(D)蒙特梭利。【83台北專夜】

（ B ）37.促使兒童教育由教材及成人中心轉至兒童中心的人是　(A)柯門紐斯　(B)盧梭　(C)裴斯塔洛齊　(D)福祿貝爾。【82、80四技商專】

（ B ）38.在教育史上具有「教育上天文學革命」影響力的學者是　(A)柯門紐斯　(B)盧梭　(C)福祿貝爾　(D)蒙特梭利。【80幼師甄試】

（ A ）39.柯門紐斯在《大教育學》一書中，把學校教育依兒童發展階段，劃分為四個階段，哪一階段相當於幼稚教育時期？　(A)母親學校　(B)國語學校　(C)拉丁學校　(D)大學。【86保送甄試】

（ A ）40.盧梭著《愛彌兒》一書，愛彌兒是：　(A)男孩名字　(B)女孩名

字 (C)幼兒園名稱 (D)教育方法名稱。【81幼教學分班】

（ C ）41.曾在台灣倡導幼兒教育的教育家是 (A)張宗麟 (B)陳鶴琴 (C)張雪門 (D)陶行知。【85保送甄試】

（ B ）42.被稱為： (A)幼稚教育的先驅者 (B)自然主義的教育思想家 (C)愛的教育家 (D)科學的幼稚教育家 ，為盧梭。【80幼師甄試、84保送甄試】

（ A ）43.主張普及教育，畢生致力於教育貧困孤兒，而被譽為「孤兒之父」的幼兒教育家是 (A)裴斯塔洛齊 (B)盧梭 (C)杜威 (D)柯門紐斯。【83台北專夜】

（ B ）44.蒙特梭利的教學法包含環境、教師、教具等三要素，如以人的身體來比喻，「教師」可比之為 (A)頭 (B)胸 (C)腹 (D)腳。【85保送甄試】

（ B ）45.主張「兒童年齡輕時心靈發展尚未到達成熟階段，如果教他識字，而不明字義，多言而不加思索，實為無益」者為 (A)柯門紐斯 (B)盧梭 (C)張雪門 (D)福祿貝爾。【87保送甄試】

（ B ）46.主張出生至六歲應由母親擔負教育責任而提倡設立「母親學校」的是 (A)盧梭 (B)柯門紐斯 (C)福祿貝爾 (D)裴斯塔洛齊。【85保送甄試】

（ D ）47.福祿貝爾恩物前十種恩物稱為 (A)手工 (B)作業 (C)綜合恩物 (D)分解恩物。【80四技商專】

（ A ）48.在教育史上第一位承認遊戲的教育價值的是誰？ (A)福祿貝爾 (B)蒙特梭利 (C)皮亞傑 (D)杜威。【83保送甄試】

（ B ）49.柯門紐斯教育理論對後世幼兒教育的影響有哪些？①重視自動學習的精神②重視母教的重要③注重直觀經驗的教育④提出教育無目的說⑤編製有插圖的教科書 (A)②③ (B)②③⑤ (C)①②③④ (D)①②③⑤。【87台中專夜】

（ C ）50.福祿貝爾第一至第十恩物，指導幼兒 (A)點→線→面→體 (B)線→點→面→體 (C)體→面→線→點 (D)體→面→點→線 的實際操作，使由具體進入抽象概念的了解。【83幼師甄試、80四技商專】

（Ｃ）51.幼兒教育的演進歷程中，下列敘述何者為非？　(A)從神秘主義到科學主義　(B)從少數人演變到多數人　(C)由國家經營到私人設立　(D)師資由宗教式的信徒到正當的專業訓練。【85台中專夜】

（Ｃ）52.福祿貝爾設立「幼稚園」其原文的合意是指　(A)園丁學校　(B)學校花園　(C)兒童學校　(D)園丁花園。【85保送甄試】

（Ｃ）53.強調幼兒教育要秉持「自我發展、自我活動及社會參與」三項基本原則的教育家是　(A)盧梭　(B)裴斯塔洛齊　(C)福祿貝爾　(D)蒙特梭利。【82四技商專】

（Ｄ）54.有關福祿貝爾恩物的描述，何者為非？　(A)共有20種　(B)第1～10種稱為遊戲恩物　(C)第11～20種稱為作業恩物　(D)遊戲恩物可以改變原形。【82普考】

（Ｄ）55.特別重視幼兒遊戲與玩具的是　(A)柯門紐斯　(B)盧梭　(C)蒙特梭利　(D)福祿貝爾。【83幼師甄試】

（Ｂ）56.將遊戲意義認為是一種「自發性的自我教育」的教育家是　(A)裴斯塔洛齊　(B)福祿貝爾　(C)皮亞傑　(D)蒙特梭利。【81、82幼師甄試】

（Ａ）57.蒙特梭利在1907年於羅馬貧民區創辦兒童教養所，稱之為　(A)兒童之家　(B)幼稚園　(C)家庭　(D)學校。【85保送甄試】

（Ｃ）58.曾以花園比喻學校，以花木比喻兒童，以園丁比喻教師的是　(A)柯門紐斯　(B)裴斯塔洛齊　(C)福祿貝爾　(D)盧梭。【80幼教學分班、80四技商專】

（Ｄ）59.下列那一個敘述不是福祿貝爾在十九世紀末受到進步主義的批評？　(A)福祿貝爾的恩物太小，不適合幼兒操作　(B)福祿貝爾恩物過於抽象，幼兒不容易了解　(C)福祿貝爾恩物內容與日常生活脫節　(D)福祿貝爾恩物忽略幼兒活動的重要性。【82四技商專】

（Ｄ）60.從醫學、生物學的觀點論述兒童教育並以設計教具著稱的是：(A)皮亞傑　(B)福祿貝爾　(C)裴斯塔洛齊　(D)蒙特梭利。【83普考】

（Ｄ）61.下列關於蒙特梭利幼教思想的敘述何者正確？　(A)以宗教的觀點

來設計教具　(B)提倡想像性活動　(C)反對幼兒在六歲前學習讀、寫、算　(D)反對以獎勵和懲罰做為激發學習動機的方法。【83台北專夜】

（C）62.蒙特梭利的教具粉紅塔是屬於感官教具中　(A)觸覺教具　(B)色彩感覺教具　(C)視覺教具　(D)實體辨別感覺教具。【80幼師甄試、84保送甄試】

（C）63.對心力殘缺（低智能）兒童特別用心的幼教前輩是　(A)柯門紐斯　(B)盧梭　(C)蒙特梭利　(D)福祿貝爾。【84保送甄試】

（D）64.下列何者非「讀寫萌發」（emergent literacy）之觀念？　(A)讓幼兒在自然環境中學習　(B)老師用大書說故事　(C)鼓勵幼兒以各種方式自我表達　(D)先熟練讀寫所需之基本技能。【83幼師甄試】

（C）65.在蒙特梭利教具中，將穀子、亞麻仁、砂粒石子等裝在空缸子裡，可作：　(A)觸覺遊戲　(B)重量感覺遊戲　(C)聽覺遊戲　(D)視覺遊戲。【82普考】

（B）66.福祿貝爾主張幼稚園最重要的課程是　(A)工作　(B)遊戲　(C)語言　(D)音樂。【85保送甄試】

（A）67.蒙特梭利（Montessori，1870～1952）認為幼兒學校環境的預備應注意　(A)多與實物接觸　(B)桌椅越大越好　(C)教材不要常更換　(D)複雜化的佈置。【88嘉南、高屏專夜】

（D）68.蒙特梭利教育原則，何者為非？　(A)自由原則　(B)自動原則　(C)義務原則　(D)統一原則。【80幼師甄試、80四技商專、81保送甄試】

（D）69.蒙特梭利（D. M. Montessori）的紡錘棒箱是屬於哪一種教具？　(A)視覺教具　(B)文化教具　(C)觸覺教具　(D)算術教具。【86四技商專】

（C）70.蒙特梭利教具中的棕色梯、粉紅塔是那一領域的教具？　(A)日常生活教育　(B)文化教育　(C)感覺教育　(D)算術教育。【82四技商專】

（D）71.音感鐘是蒙特梭利教具中的那一類？　(A)生活練習　(B)音樂教

具 (C)語文教具 (D)感覺教具。【83保送甄試】

（ D ）72.自然主義思想的創始人為 (A)裴斯塔洛齊 (B)福祿貝爾 (C)蒙特梭利 (D)盧梭。【86台中專夜】

（ D ）73.有關幼教學者，下列敘述何者為非？ (A)福祿貝爾創辦第一所幼稚園 (B)盧梭主張兒童的教育應順乎自然 (C)裴斯塔洛齊強調平民主義教育及注重母教 (D)張雪門提倡五指教學法。【85台中專夜】

（ D ）74.蒙特梭利認為幼兒智能發展的基礎在： (A)生活練習 (B)科學教育 (C)數學教育 (D)感覺教育。【82幼師甄試、83保送甄試】

（ C ）75.認為幼兒是小小科學家的學者是 (A)皮亞傑 (B)裴格夫斯基 (C)蒙特梭利 (D)福祿貝爾。【83幼師甄試】

（ C ）76.有關裴斯塔洛齊（Pestalozzi, 1746～1827）的敘述，何者錯誤？ (A)主張完人的教育，即三「H」手、腦、心之訓練 (B)其教育方法主張直觀教學法 (C)認為教育要順其自然，讓幼兒能力由外向內發展 (D)隱士的黃昏、林那特與格楚特是其重要著作。【86嘉南、高屏專夜】

（ B ）77.下列何者被稱為幼教之父？ (A)柯門紐斯 (B)福祿貝爾 (C)盧梭 (D)裴斯塔洛齊。【86台中專夜】

（ D ）78.蒙特梭利教具特性，下列何者為對？ (A)孤立性 (B)由簡單到複雜 (C)具間接預備性 (D)以上皆是。【84保送甄試】

（ D ）79.有中國的福祿貝爾之稱的教育家為 (A)張雪門 (B)福祿貝爾 (C)皮亞傑 (D)陳鶴琴。【86保送甄試】

（ B ）80.皮亞傑認為五歲的幼兒通常其認知發展屬於哪一階段？ (A)感覺動作期 (B)運思預備期 (C)具體運思期 (D)形式運思期。【84保送甄試】

（ A ）81.皮亞傑認為「幼兒常以為別人的想法和他自己是一樣的」，這表示幼兒思考的哪一種特性？ (A)自我中心觀 (B)泛靈觀 (C)人為觀 (D)世界觀。【84保送甄試】

（ D ）82.放棄早期定型觀而改持連續發展看法的學者當推 (A)佛洛依德

(B)盧梭　(C)皮亞傑　(D)艾瑞克遜。【84保送甄試】

（ B ）83.皮亞傑的認知發展論中，兒童以直覺來瞭解世界，往往知其一不知其二的心理特質是屬於何期？　(A)實用智慧期　(B)前操作期(C)具體智慧期　(D)抽象智慧期。【81普考】

（ A ）84.個體改變原來的基模，以適應外在的因素，此稱　(A)調適　(B)同化　(C)組織　(D)平衡。【82幼教學分班】

（ C ）85.皮亞傑（Piaget, 1896～1980）認為直覺期兒童智能發展的特徵是(A)多數身體動作認知　(B)能邏輯思考　(C)有分類及數量概念(D)可提出假設並驗證。【88嘉南、高屏專夜】

（ C ）86.媽媽買了山竹給小華吃，他從未見過這種水果，認為它是百香果。但是剖開一看，發現內部的果肉與風味都和預期的不同，他感到很吃驚，百思不解。後來經由進一步探索，終於認識了這種水果，此過程為　(A)可逆性　(B)同化　(C)調適　(D)基模。【83四技商專】

（ D ）87.福祿貝爾的遊戲恩物是順著下列哪一種順序？　(A)點→線→面→體　(B)點→面→線→體　(C)體→線→面→點　(D)體→面→線→點。【86保送甄試】

（ C ）88.我國教育家張雪門倡導的幼教教學法，稱為　(A)五指活動教學法(B)大單元教學法　(C)行為課程教學法　(D)啟發教學法。【82保送甄試】

（ B ）89.認為幼稚園教育的實施，應遵守幼兒自我發展、自我活動、社會參與三原則的是　(A)蒙特梭利　(B)福祿貝爾　(C)杜威　(D)柯門紐斯。【85台中專夜】

（ D ）90.張雪門將人類行為分為四種，下列那一種是他認為最有價值的？(A)單勞力不勞心　(B)單勞心不勞力　(C)又勞心又勞力　(D)在勞動上勞心。【83台北專夜】

（ B ）91.主張教師指導兒童不必施以獎懲，管理的責任要歸於兒童自己的教育家為　(A)裴斯塔洛齊　(B)蒙特梭利　(C)杜威　(D)盧梭。【86保送甄試】

（ D ）92.張雪門的行為課程教學法受下列何者之哲學思想影響最大？　(A)

皮亞傑　(B)盧梭　(C)尼爾　(D)杜威。【82幼教學分班】

（ C ）93.下列何者不屬於蒙特梭利的數學教具？　(A)紡錘棒　(B)塞根板
(C)長棒　(D)郵票遊戲。【86保送甄試】

（ B ）94.下列何者提出「五指教學法」？　(A)熊芷　(B)陳鶴琴　(C)張雪
門　(D)布克太太。【83四技商專】

（ A ）95.陳鶴琴抱持幼稚園中國化的理念與實踐而創立　(A)鼓樓　(B)香
山　(C)孔德　(D)行知　幼稚園。【80幼師甄試】

（ A ）96.下列何人主張兒童教育應順乎自然且以兒童為本位，並為愛彌兒
一書的作者是　(A)盧梭　(B)皮亞傑　(C)蒙特梭利　(D)裴斯塔
洛齊。【86台北專夜】

（ A ）97.於民國12年開創我國第一所實驗幼稚園的教育家是　(A)陳鶴琴
(B)張雪門　(C)熊芷　(D)王陽明。【81幼師甄試】

（ D ）98.有關幼教學者，下列敘述何者錯誤？　(A)杜威主張「生活即教育」
(B)福祿貝爾發明恩物　(C)裴斯塔洛齊為貧民教育之父　(D)張雪
門倡五指教學法。【84四技商專】

（ B ）99.皮亞傑對幼兒教育的貢獻，下列何者正確？　(A)將特殊教育法用
於教具設計上　(B)主張認知內容與過程皆重要　(C)提倡母親學
校　(D)強調幼兒不是成人的縮影。【84四技商專】

（ B ）100.強調幼兒課程應涵蓋健康、社會、科學、藝術、語文五項，因
而創設五指教學法的是哪一位學者？　(A)張雪門　(B)陳鶴琴
(C)尼爾　(D)杜威。【82幼學士班】

（ C ）101.對世界各國小學教育影響很大，被尊為「現代小學教育的鼻祖」
者為何人？　(A)盧梭　(B)斯賓塞　(C)裴斯塔洛齊　(D)福祿
貝爾。【82幼學士班】

（ D ）102.杜威的教育思想中，下列敘述何者為非？　(A)教育的目的就是
生長　(B)注重兒童整體經驗　(C)教育即經驗的改造　(D)以資
本主義為根本思想。【85台中專夜】

（ B ）103.以下哪一項有關教育家的敘述是正確的？　(A)皮亞傑提倡混齡
教學　(B)杜威主張教育即生活　(C)盧梭一生從事貧民教育
(D)裴斯塔洛齊提出完整特殊兒童教育方案。【85嘉南、高屏

專夜】

（ A ）104.以下哪一項敘述不屬於皮亞傑提倡的理論？　(A)加速學習　(B)認知發展論　(C)基模爲認知的基本單位　(D)兩歲到七歲是運思準備期。【85嘉南、高屏專夜】

（ B ）105.「方案課程」導源於誰的教育思想？　(A)布魯姆（Bloom）　(B)杜威（Dewey）　(C)馬斯洛（Maslow）　(D)羅吉斯（Rogers）。【85嘉南、高屏專夜】

（ B ）106.下列何者不是蒙特梭利教師的主要角色？　(A)觀察兒童　(B)傳授知識給兒童　(C)以身作則　(D)學校、社區與家庭間的溝通者。【85嘉南、高屏專夜】

（ B ）107.下列何者非陳鶴琴（1892～1982）的主要貢獻？　(A)五指教學法的創始人　(B)民國十九年用「半道爾頓制」辦幼稚師範　(C)建立中國幼兒教育體系　(D)主張幼兒的學習來自幼兒自動自發，而非模仿學得。【85嘉南、高屏專夜】

（ B ）108.若幼兒經常發生毀壞玩具的行爲，下列哪一種成人的反應，最能呼應盧梭所倡導的「消極教育」？　(A)不計較幼兒的行爲，立刻再爲其買更多的玩具　(B)暫不買玩具，讓其感受無玩具可玩的結果　(C)懲罰幼兒後，立刻再買玩具　(D)口頭責罵後，永不買玩具。【90統一入學測驗】

（ C ）109.富有「兒童心理學先生」的稱譽的教育家是　(A)盧梭（J. J. Rousseau）　(B)布魯納（J. S. Bruner）　(C)皮亞傑（J. Piaget）　(D)蒙特梭利（M. Montessori）。【85幼師甄試】

（ A ）110.有關「中國的福祿貝爾」陳鶴琴的貢獻，下列敘述何者錯誤？　(A)訂定參觀、參與、支配三階段的實習計畫　(B)首辦我國第一所幼稚園　(C)建立了中國幼兒教育體系　(D)創辦我國第一所公立幼兒師範學校。【86四技商專】

（ C ）111.下列有關福祿貝爾（F. Froebel）恩物的敘述何者錯誤？　(A)第一至第十種稱爲遊戲恩物　(B)第四恩物是邊長六公分的立方體，切成八塊小的長方體　(C)第七恩物「面」，包含六種不同形狀　(D)第九恩物「環」，包含直徑6、4.5及3公分的全環及半

環。【86四技商專】

（B）112.有關蒙特梭利（D. M. Montessori）的教育思想，下列何者錯誤？　(A)孩子是教育的主體，教師是教育的媒介，環境是教育的工具　(B)除了著重感官訓練，更重視團體的社會性合作　(C)幼兒學校的設備應結構化與秩序化，使幼兒獲得心理秩序與智力　(D)反覆練習是幼兒重要的學習方法。【86四技商專】

（A）113.編製世界第一幅有插圖的教科書是為　(A)柯門紐斯　(B)盧梭　(C)裴斯塔洛齊　(D)杜威　其插圖共有150幅。【80幼師甄試、82幼學士班】

（D）114.蒙特梭利教育原則，何者為非？　(A)自由原則　(B)自動原則　(C)義務原則　(D)統一原則。【81保送甄試】

（C）115.皮亞傑將兒童改變其認知結構的歷程稱為？　(A)基模　(B)同化　(C)調適　(D)適應。【81保送甄試】

（A）116.皮亞傑強調「兒童決非具體而微的成人」，是因為皮亞傑認為？　(A)兒童與成人的思考本質不同　(B)成人所累積的知識遠多於兒童　(C)兒童的興趣和需求與成人不同　(D)兒童的體能與成人不同。【82四技商專】

（D）117.蒙特梭利「兒童之家」的教育內容，不包括：　(A)感覺教育　(B)語言教育　(C)文化教育　(D)藝能教育。【80、83幼師甄試】

（A）118.下列何者為運思預備期的幼兒思考特徵？　(A)自我中心　(B)理解數學上的可逆性　(C)抽象思考　(D)了解成語的意義。【83台北專夜】

（A）119.愛彌兒的感官教育期為：　(A)出生至五歲　(B)五歲至十二歲　(C)十二歲至十五歲　(D)十五歲至二十歲。【83台北專夜】

（C）120.下列關於皮亞傑認知發展階段論的敘述何者錯誤？　(A)四個階段依序進展順序不可改變　(B)四個階段依序進展不可遺漏　(C)每階段的差異性在於量的不同而非質的改變　(D)各階段的發展皆有賴於成熟與學習。【83台北專夜】

（B）121.曾用「半道爾頓制」辦理幼稚師範，並成為台灣幼教開拓者的

是： (A)陳鶴琴 (B)張雪門 (C)陳一鳴 (D)陶行知。【83
台北專夜】

（ D ）122.強調「從做中學」之具體經驗的教育家是 (A)盧梭 (B)福祿貝
爾 (C)蒙特梭利 (D)杜威。【83保送甄試】

（ B ）123.個體以既有的認知結構去認識外在事物與世界的歷程為： (A)
基模（Schema） (B)同化（Assimilation） (C)調適
（Accommodation） (D)可逆性（Reversibility）。【83台北專
夜】

（ B ）124.下列何者為運思預備期的兒童認知發展的特徵？ (A)能對事物
分類 (B)自我中心 (C)能有序列關係概念 (D)有量的保留概
念。【84嘉南、高屏專夜】

（ B ）125.下列何者為皮亞傑對於幼兒教保活動的主要貢獻？ (A)重視幼
兒的物理概念經驗 (B)重視「探索─發明─發現」的歷程
(C)注重日常生活訓練 (D)提出一套具體、有效地刺激幼兒智
能的教材。【83台北專夜】

（ B ）126.主張出生至六歲應由母親擔負教育責任而提倡設立「母親學校」
的是 (A)盧梭 (B)柯門紐斯 (C)福祿貝爾 (D)裴斯塔洛
齊。【85保送甄試】

（ A ）127.蒙特梭利在1907年於羅馬貧民區創辦兒童教養所，稱之為 (A)
兒童之家 (B)幼稚園 (C)家庭 (D)學校。【85保送甄試】

（ D ）128.以下哪一種能力不是福祿貝爾遊戲中主要培養的重點？ (A)合
作 (B)守紀律 (C)自由的真諦 (D)爭取勝利。【85嘉南、高
屏專夜】

（ D ）129.有關幼教學者，下列敘述何者為非？ (A)福祿貝爾創辦第一所
幼稚園 (B)盧梭主張兒童的教育應順乎自然 (C)裴斯塔洛齊
強調平民主義教育及注重母教 (D)張雪門提倡五指教學法。
【85台中專夜】

（ C ）130.「以既有的基模去認識外界事物」過程稱為？ (A)調適 (B)平
衡 (C)同化 (D)制約。【85保送甄試】

（ D ）131.五指教學法將課程分為哪五項？ (A)健康、教學、科學、人

際、環境 (B)健康、常識、語文、美勞、遊戲 (C)健康、常識、語文、音樂、工作 (D)健康、社會、科學、藝術、語文。【85保送甄試】

（ B ）132.蒙特梭利教具中之長棒是屬於哪一種教具？ (A)日常生活訓練教具 (B)視覺教具 (C)觸覺教具 (D)算術教具。【85台北專夜】

（ B ）133.蒙特梭利教室中，教師扮演的角色，下列何者不正確？ (A)示範者 (B)教學者 (C)環境預備者 (D)觀察者。【85台北專夜】

（ C ）134.蒙特梭利「兒童之家」用具的準備注意事項，下列何者不正確？ (A)必須是實務的 (B)適合孩子使用的尺寸 (C)數量上不限制 (D)生活化的。【85台北專夜】

（ D ）135.自然主義思想的創始人為 (A)裴斯塔洛齊 (B)福祿貝爾 (C)蒙特梭利 (D)盧梭。【86台中專夜】

（ A ）136.下列何人主張兒童教育應順乎自然且以兒童為本位，並為愛彌兒一書的作者是 (A)盧梭 (B)皮亞傑 (C)蒙特梭利 (D)裴斯塔洛齊。【86四技商專】

（ C ）137.有關裴斯塔洛齊（Pestalozzi, 1746～1827）的敘述，何者錯誤？ (A)主張完人的教育，即三「H」手、腦、心之訓練 (B)其教育方法主張直觀教學法 (C)認為教育要順其自然，讓幼兒能力由外向內發展 (D)隱士的黃昏、林那特與格楚特是其重要著作。【86嘉南、高屏專夜】

（ C ）138.盧梭的教育思想，何者為非？ (A)以兒童為本位 (B)順乎自然 (C)主張貧民教育 (D)反對以教科書為主的教育。【87保送甄試】

（ A ）139.蒙特梭利主張教育是由教師、學生、環境形成一個三角形，教師會影響學生與環境。蒙氏認為教師是教育的： (A)媒介 (B)主體 (C)工具 (D)主導者。【87保送甄試】

（ C ）140.下列何者非五指活動教學法之主要課程內容？ (A)健康活動 (B)藝術活動 (C)工作活動 (D)科學活動。【87保送甄試】

（ A ） 141.下列蒙特梭利教學之敘述何者為非？　(A)強調團體教學　(B)重視日常生活訓練　(C)注重感官教育　(D)培養幼兒責任心。
【87保送甄試】

（ B ） 142.杜威思想之敘述何者有誤？　(A)教育即生活　(B)教育即目的　(C)教育即生長　(D)教育即經驗　的改造。【87保送甄試】

（ A ） 143.蒙氏教具中下列何者是屬於感官教具？　(A)長棒　(B)倒米粒　(C)紡錘棒箱　(D)塞根板。【87保送甄試】

（ A ） 144.福祿貝爾恩物中的之三體是指：　(A)球體、立方體、圓柱體　(B)球體、長方體、圓柱體　(C)球體、立方體、長方體　(D)立方體、三角錐、圓柱體。【88台中專夜】

（ A ） 145.裴斯塔洛齊（J. H. Pestalozzi）所提出的直觀教學法，其三要素為：　(A)數、形、名　(B)量、形、名　(C)數、量、形　(D)數、量、名。【88保送甄試】

（ C ） 146.我國幼兒教育發展由模仿日本轉而模仿歐美，主要受到下列何種事件的影響？　(A)清朝末年基督教的引進　(B)民國五年教育部發布變更教育的法令　(C)民國八年，五四運動後，杜威、羅素來華講學　(D)民國十二年陳鶴琴創辦鼓樓幼稚園。【88保送甄試】

（ D ） 147.下列哪些是蒙特梭利（Montessori）教具中的視覺教具？①圓柱體②粉紅塔③重量板④色板⑤塞根板　(A)①②④⑤　(B)①④　(C)②④　(D)①②④。【88台北專夜】

（ B ） 148.下列何者被稱為「近代教育思想之父」？　(A)盧梭（Rousseau）　(B)柯門紐斯（Comenius）　(C)裴斯塔洛齊（Pestalozzi）　(D)皮亞傑（Piaget）。【88台北專夜】

（ A ） 149.盧梭（Rousseau）認為出生～5歲的教育以下何者為主？　(A)以幼兒身體養護為主　(B)注重感官訓練　(C)注重知識教育及手工教育　(D)注重人我關係。【88台北專夜】

（ A ） 150.下列何者為杜威對於教育的論點？①主張「由做中學」（learning by doing）②學校是社會的縮影：學校即社會，教育即生活③主張早期讀寫的重要性④教育是經驗的改造　(A)①②④　(B)

①②③④　(C)①③　(D)①④。【88四技商專】

（ B ）151.台灣光復後協助籌劃各軍眷區幼稚園，對台灣幼兒教育的發展
有重大貢獻的開拓者是下列那一位？　(A)張之洞　(B)張雪門
(C)張百熙　(D)陳鶴琴。【88保送甄試】

（ D ）152.下列何者非裴斯塔洛齊（Pestalozzi, 1744～1827）的教育思想？
(A)提倡勞作教育　(B)注重家庭教育　(C)重視具體經驗　(D)
重視女子教育。【88嘉南、高屏專夜】

（ B ）153.主張「教育即生活」的學者是誰？　(A)蒙特梭利　(B)杜威
(C)福祿貝爾　(D)盧梭。【88台中專夜】

（ D ）154.下列何者於民國12年首辦我國第一所幼稚園「南京樓鼓幼稚
園」？　(A)張雪門　(B)葉楚生　(C)李模　(D)陳鶴琴　(E)林
清江。【89推薦甄試】

（ E ）155.下列何者有「幼教女傑」之稱？　(A)陳鶴琴　(B)張雪門　(C)
柯門紐斯　(D)盧梭　(E)蒙特梭利。【89推薦甄試】

（ C ）156.下列何者認為「教育的目的，就是生長」？　(A)張雪門　(B)盧
梭　(C)杜威　(D)蒙特梭利　(E)皮亞傑。【89推薦甄試】

第三章

各國幼兒保育概念

第一單元　綱要表解

一、英國		
（一）保育機構	1.嬰兒學校：2～5歲。	
	2.幼兒學校：5～7歲。	
（二）重要特色	1.保育學校的發源地。	
	2.將幼兒教育納入義務教育（5歲起）。	
	3.首創興趣發掘教學法，開放型（open-ended）教學法。	
（三）重要法案	1.1967年卜勞敦報告書。	
	2.1978年瓦那克報告書。	
二、美國		
（一）保育機構	1.托兒所：0～6歲。	
	2.幼稚園：4～6歲。	
（二）重要特色	1.重視特殊、貧窮、少數民族的幼兒教育。	
	2.強調家長參與、社會參與。	
	3.發現教學法盛行於美國。	
（三）重要法案	1.1965年「提前開始方案」（Head Start Project），屬於補救性教育方案，對象為貧窮家庭兒童。	
	2.1968年「續接方案」，給不同文化或低收入家庭幼兒優先接近教育。	
	3.1985年通過規範兒童中心標準法案。	
三、法國		
（一）保育機構	1.幼兒學校：3～6歲。	
	2.幼兒班：3～6歲。	
	3.幼稚園：2～5歲。	
	4.教育休閒中心。	
（二）重要特色	1.托兒所的起源地。	
	2.幼稚園的就學率世界第一。	

(三) 重要法案	1.1947年「郎之萬、瓦龍」教育改革法案，於學前階段增設幼稚園。
	2.1975年柏桑法案，1977年哈比法案，提出教學活動應健全幼兒人格發展。
四、德國	
(一) 保育機構	1.托兒所：0～3歲。
	2.幼稚園：3～6歲。
	3.學校幼稚園。
(二) 重要特色	1.幼稚園的發源地。
	2.重視家庭教育、親職教育與學前教育的配合。
	3.注重特殊幼兒及貧窮子女的教育。
(三) 歷史沿革	1.1830年設立第一所幼兒保護機構。
	2.1837年福祿貝爾創立幼稚園。
五、日本	
(一) 保育機構	1.托兒所（1～6歲）：厚生省。
	2.幼稚園（3～6歲）：文部省。
	3.兒童福利機構。
(二) 重要特色	1.培養德、智、體、群、美五育均衡發展。
	2.注重幼兒生活教育。
六、俄國	
(一) 保育機構	1.托兒所：0～3歲。
	2.幼稚園：3～7歲。
(二) 重要特色	1.第一個創立國家學前教育機構的國家。
七、中國	
(一) 教保概況	1.幼教萌芽期：仿日期（光緒29年～民國以前）。
	2.幼教轉變期：仿美期（民國元年～民國16年）。
	3.幼教奠基期：民國17年～民國38年。
	4.幼教發展期：國府遷台迄今。
(二) 重要特色	1.增設公立國小附設幼稚園，提高入學率。
	2.培養德、智、體、群、美五育均衡發展。

八、各國幼教發展趨勢

（一）發展幼兒潛能與教育機會均等措施。

（二）幼兒教育趨於全民化。

（三）降低師生比例。

（四）強調遊戲在幼兒教育的重要性。

（五）特殊幼兒的提前介入學習。

第二單元　重點整理

一、英國的幼保保育概況

（一）保育機構

1.保育學校：2～5歲。

2.幼兒學校：5～7歲。

3.幼兒學校與7～11歲的小學，二者合稱為初等教育，屬於義務教育的範圍。

4.幼兒學校之附設保育學校，公私立一律免費。

（二）特色

1.世界上推動幼兒教育較早且頗具成效的國家之一。

2.注重幼稚園及小學教育之間的銜接。

3.將幼兒學校納入義務教育之範圍。

4.世界「保育學校」發源地，保育學校首創於英國。

5.實施「發現教學法」（Discovery Teaching）及「開放型教學法」（Open-ended Teaching）。

6.混齡編組的活動方式，具有家庭社會化的功能。

7.透過遊戲方式，輔導幼兒在發現中學習。

（三）歷史沿革

1.1944年「巴特勒教育改革方案」，幼兒學校分為兩個階段。即5～7歲幼兒學校與7～11歲的小學，合稱為初等教育，並將幼兒學校列為義務教育。

2.1978年「瓦那克報告書」將特殊教育推廣至嬰幼兒階段。

二、美國的幼保保育概況

（一）保育機構

1.托兒所：0～6歲。

2.保育學校：2～4歲。

3.幼稚園：3～6歲，佛羅里達州（Florida）實施強迫入學外，其餘各州皆申請入學，屬於公共教育的範圍，幼稚園與小學低年級混齡編制。

（二）特色

1.採民主的教學方式。

2.早期注重福祿貝爾教學。

3.重視特殊、貧窮及少數民族的幼兒教育。

4.強調家長參與。

5.低年級與幼稚園混合編制。

6.美國第一所保育學校於1826年由歐文所創。

7.合作性托兒所，在美國社區中頗受歡迎。

8.發現教學法（Discovery Teaching）盛行於美國。

（三）歷史沿革

1.1855年德國許爾茲夫人，創辦第一所德語幼稚園。

2.1965年「提前開始方案」（Head Start Project），屬於補救性教育方案，對象為貧窮家庭的兒童。

3.1968年「續接方案」，給不同文化或低收入家庭幼兒優先接受教育（例如黑人或拉丁裔子弟）。

三、法國的幼保保育概況

（一）保育機構

1.幼稚園：2～4歲，使鄉村兒童與城市兒童享有相同的福利。

2.幼兒學校：3～6歲。

3.教育休閒中心。

（二）特色

1.提供全民免費的教育，以民主方式自由入學。

2.托兒所起源於法國。

3.重視男性參與幼教工作。

4.幼稚園就學率為世界第一。

5.幼兒教育屬初等教育體系，師資採幼稚園與小學低年級教師聯合培
　育方式。

（三）歷史沿革

1.1881年教育法令公布實施全民教育，將幼稚園併入初等教育，招收2
　～7歲幼兒，免費但並非義務教育。

2.1947年，依「郎之萬教育改革方案」，於學前階段增設幼稚園。

3.1948年，「世界學前教育組織」在法國成立。

（四）師資來源

幼稚園師資與國小低年級師資的培訓相同，此種聯合訓練的方式是法
國教育的一大特色。

四、德國的幼保保育概況

（一）保育機構

1.托兒所：0～3歲。

2.照顧家庭：主管機關為青少年主管機關。

3.幼稚園：3～6歲，1971年教育委員會將幼稚園置於學制中的基本領
　域。

4.學校幼稚園：為公立。

5.兒童商店運動：強調兒童的需要。

（二）特色

1.幼稚園的發源地。

2.幼稚園屬於社會教育的範圍，「青少年福利法」適合於幼稚園。

（三）歷史沿革

1.1840年成立世界第一所幼稚園於布蘭登堡。

2.青少年福利法適用於幼稚園。

五、日本的幼保保育概況

（一）保育機構

1.幼稚園：3～6歲，主管機關為文部省，設立主體可分為私立、國立、都、道、府、縣立及市、町、村立四種，基本法令為學校教育法。

2.保育所：1～6歲，主管機關為厚生省，依兒童福祉法設置的兒童福利設施。

（二）特色

1.注重幼兒的生活教育。

2.強調個性與群性並重發展的幼教理念。

3.師資素質優異。

4.幼稚園與保育所區分清楚。

5.政府大力補助私立幼稚園學費。

（三）歷史沿革

1.日本最早的幼稚園於明治九年（1876年），創設「東京御茶水女子師範大學附屬幼稚園」。

2.明治23年（1890年），赤澤鏡美夫婦最初於新潟市創設托兒所。

3.昭和22年（1947年），公布「學校教育法」，幼稚園才獲得學校的地位。

4.昭和22年厚生省公布「兒童福祉法」，托兒所改稱為保育所。

六、俄國的幼保保育概況

（一）保育機構

1.托兒所：主管機關為公共衛生部，招收對象為0～3歲。

2.幼稚園：主管機關為教育部，招收對象為3～7歲。

（二）特色

設立全世界唯一專業化的研究機構「學前教育科學研究所」。

（三）歷史沿革

1920年至1930年積極推動兒童公育制度，成為世界第一個創立「國家學前教育機構」的國家。

（四）師資來源

學前教育科學研究所為俄國積極促進學前教育的發展，所成立全世界唯一專業化的研究機構。

七、中國的幼保保育概況

（一）歷史沿革

可分為四階段：

1.幼教萌芽期（光緒29年～民國以前），以「仿日本」為主。

　①光緒29年（1903年），設立「蒙養院」，是我國專設幼兒學校之始。

　②蒙養院收受幼兒年齡為3～7歲，規定每日上課不超過四小時，課程包含：遊戲、歌謠、談話、手技四項。

　③日本人在湖北武昌成立第一所幼稚園，是我國私立幼稚園之始。

2.幼教轉變期（民國元年～民國16年），以「仿美國」為主。

　①民國5年，首見「幼稚園」之名稱。

　②民國8年五四運動後，受美國學者杜威、英國學者羅素兩位來華演講之影響，由仿日轉而仿歐美。

③民國11年，新學制實施，將「蒙養院」改為「幼稚園」，從此確立了幼教在中國學制之地位。

④民國12年，陳鶴琴先生創立我國第一所幼稚園，即南京鼓樓幼稚園。

3.幼教奠基期（民國17年～民國38年）

①民國18年，教育部頒布「幼稚園暫行課程標準」，為我國幼稚教育有正式課程標準的開始。

②民國21年，我國幼稚園課程標準第一次修訂公布。

③民國28年，教育部公布幼稚園教育法。

④民國29年，我國第一所公立幼稚師範學校，於江西省成立，第一任校長為陳鶴琴。

4.幼教發展期（政府遷台迄今）

①民國39年，張雪門在台灣創立導生制。

②民國44年頒布「托兒所設置辦法」。

③民國62年由總統公布「兒童福利法」，為我國最早的兒童福利法。

④民國68年公布「托兒所教條手冊」，為我國托兒所活動設計的依據。

⑤民國82年修訂公布「兒童福利法」。

⑥民國84年公布「兒童福利專業人員資格要點」。

（二）特色

1.培養德、智、體、群、美五育均衡發展的幼教目標。

2.私立幼稚園佔有相當比例。

3.強調遊戲在幼兒教育的重要性。

4.注重幼兒的生活教育。

5.由傳統到建構啟發式（constructive heuristic）的幼教理念與課程。

6.重視幼稚園的評鑑與獎勵。

八、各國幼保的發展趨勢

哲學家微勞博士曾說：「世界最寶貴的資源，不是石油，而是兒童」，

兒童是國家未來的主人翁，故特將1979年訂爲「國際兒童年」。

1.幼兒教育制度趨於全民化。

2.幼兒教育由私人經營轉向國家有效管理。

3.降低師生比例。

4.強調遊戲在幼兒教育的重要性。

5.特殊幼兒的提前介入學習。

第三單元　歷屆聯考試題集錦

（ B ）1.幼稚園正式納入我國學制體系是在民國　(A)八年　(B)十一年　(C)十七年　(D)三十八年。【80幼師甄試】

（ C ）2.我國公立幼稚園開始附設特殊幼兒班於民國　(A)七十九年　(B)七十八年　(C)七十七年　(D)七十六年。【80四技商專】

（ B ）3.我國幼稚教育從什麼時候開始有正式課程標準？　(A)民國十六年　(B)民國十八年　(C)民國二十年　(D)民國二十五年。【77幼師甄試、80四技商專】

（ D ）4.美國啟蒙教育方案（Head Start Project）或稱提前開始教育方案之目的是什麼？　(A)全面強迫幼兒入學幼稚園　(B)讓幼兒提早就讀小學　(C)讓資優幼兒提早入學　(D)補救文化刺激不足之幼兒。【80幼師甄試】

（ C ）5.第一個創立國家學前教育機構的是　(A)美國　(B)日本　(C)蘇俄　(D)法國。【80四技商專】

（ A ）6.將幼稚園教師分成五個等級，以重視其專業修養的國家是　(A)韓國　(B)日本　(C)美國　(D)英國。【80四技商專】

（ A ）7.(A)德國　(B)法國　(C)英國　(D)美國　幼稚園是屬於社會教育的範圍，因此青少年福利法是適用於幼稚園的。【80幼師甄試】

（ D ）8.我國的嬰幼兒保育工作，最早在那一個朝代已有留嬰堂、育嬰堂及普育堂的設置？　(A)唐朝　(B)元朝　(C)明朝　(D)清朝。【80四技商專】

（ C ）9.下列何者不是幼稚教育法的目標？　(A)充實兒童生活經驗　(B)養成兒童良好習慣　(C)培養兒童藝術情操　(D)增進兒童倫理觀念。【80四技商專】

（ C ）10.美國的第一所幼稚園是用何種語言教學？　(A)英語　(B)法語　(C)德語　(D)日語。【80幼師甄試】

（ A ）11.下列那一個國家已將幼兒教育納入義務教育？　(A)英國　(B)瑞典　(C)法國　(D)以上皆是。【80幼師甄試】

（ C ）12.有關我國幼教法令之制定先後次序，請選出適當之答案。①優生
保健法②國民教育法③兒童福利法④幼稚教育法　(A)①②③④
(B)②①③④　(C)③②④①　(D)④②③①。【80四技商專】

（ B ）13.我國專設幼兒學校之始，是在西元　(A)1902　(B)1903　(C)1904
(D)1905　年，由清朝之張百熙……等修訂之「奏訂學堂章程」
中訂定的。【80幼師甄試】

（ B ）14.我國幼教開始在學制上有了確定地位，是在民國　(A)十年　(B)
十一年　(C)十二年　(D)二十年　頒布之「教育法令」中明文規
定，「幼稚園收受六歲以下之兒童」。【80幼師甄試】

（ A ）15.台灣省社會處在民國七十四年底出版的幼兒教材是何名稱？　(A)
托兒所教保輔導叢書　(B)幼兒教保活動設計　(C)托兒所教保手
冊　(D)幼兒學習活動設計參考資料。【80四技商專】

（ A ）16.一九六五年美國聯邦政府頒布的「提前開始教育方案」（Head
Start Project）是　(A)補償性的學前計畫　(B)加速制的學前資
優計畫　(C)充實制的學前資優計畫　(D)協助貧困兒童家庭的親
職教育與婚姻計畫。【82四技商專】

（ A ）17.我國兒童福利法是於民國　(A)六十二　(B)七十二　(C)八十二
(D)七十　年公布。【82保送甄試】

（ B ）18.下述哪一個國家將絕大多數的幼稚園附設於公立小學，收滿5歲
的幼兒受施以小學前一年的免費保育？　(A)英國　(B)美國　(C)
法國　(D)德國。【82四技商專】

（ D ）19.下列敘述何者不符合各國幼兒保育的發展趨勢？　(A)提高幼兒學
校教師的素質與待遇　(B)重視幼兒教育的重要性　(C)趨向全民
化　(D)由國家管理轉向私人經營。【82四技商專】

（ C ）20.我國民國成立以前所設立的蒙養院，其保育要旨及教材編寫多承
襲自那一個國家？　(A)美國　(B)德國　(C)日本　(D)英國。
【83台北專夜】

（ A ）21.托兒所的起源在　(A)英國　(B)德國　(C)法國　(D)美國。【83
保送甄試】

註：83年保送甄試聯招會公布為(A)，但後來又修正為(A)、(C)均

可。

（ C ）22.下列關於美國幼兒保育概況的敘述，何者錯誤？ (A)早期的幼稚園教學大多採用福祿貝爾（Froebel）的幼教理念 (B)幼兒保育機構的種類眾多 (C)提前開始教育方案（Head Start Project）是針對資優兒童所進行的教育課程 (D)重視幼稚園與小學課程的銜接。【83四技商專】

（ A ）23.下列關於英國幼兒保育概況的敘述，何者錯誤？ (A)保育學校的招生年齡為三至五歲 (B)幼兒學校的招生年齡為五至七歲 (C)幼兒學校為義務教育 (D)幼兒學校與保育學校的教育目標不同。【83四技商專】

（ B ）24.在我國的教育法令中，「幼稚園」之名稱初見於 (A)清光緒二十九年 (B)民國五年 (C)民國二十八年 (D)民國三十二年。【83四技商專】

（ B ）25.在下列那一國裡，幼兒教育和小學合稱為初等教育階段且皆屬義務教育範圍？ (A)美國 (B)英國 (C)德國 (D)日本。【83四技商專】

（ B ）26.從幼教演進史中可看出幼兒教育在先進國家的各種教育中 (A)發達最早 (B)發達最晚 (C)有的國家早發達但有的國家晚發達 (D)從未發達過。【84保送甄試】

（ C ）27.在南京創辦我國第一所幼稚園——鼓樓幼稚園的是？ (A)張雪門 (B)熊芷 (C)陳鶴琴 (D)杜威。【84保送甄試】

（ B ）28.我國確立幼稚園學制上的地位是在民國 (A)5年 (B)11年 (C)18年 (D)28年。【84保送甄試】

（ C ）29.我國最早的學前教育機構是 (A)蒙養學堂 (B)蒙學堂 (C)蒙養院 (D)蒙養堂。【84保送甄試】

（ C ）30.下列對我國托兒所的發展之描述何者是錯的？ (A)清末並無幼稚園與托兒所之分 (B)民國初年有「蒙養園」，不再附於慈善機構 (C)民國十年我國才有托兒所的設立 (D)民國四十四年內政部公布最早版本的「托兒所設置辦法」。【84保送甄試】

（ C ）31.現行幼稚園設備標準是教育部在哪一年公布的？ (A)民國72年

(B)民國76年　(C)民國78年　(D)民國80年。【85保送甄試】

（ B ）32.開放教育發源地係　(A)日本　(B)英國　(C)美國　(D)德國。
【85幼師甄試】

（ C ）33.哪一個國家曾在1965年時，實施「提前開始教育方案」（Head
Start Project）？　(A)法國　(B)英國　(C)美國　(D)日本。【85
四技商專】

（ A ）34.英國對五歲幼兒的教育是列為　(A)義務教育　(B)非義務教育
(C)部分地區義務教育　(D)兒童福利。【85保送甄試】

（ C ）35.世界上幼兒教育發展最早的國家是？　(A)美國　(B)英國　(C)法
國　(D)德國。【86保送甄試】

（ D ）36.提前開始教育方案（The Project Head Start）是哪一個國家對低收
入家庭兒童的補救性教育方案？　(A)德國　(B)法國　(C)英國
(D)美國。【86台中專夜】

（ C ）37.下列有關各國幼兒教育的說明，何者正確？　(A)英國、法國、日
本的公私立幼稚園一律免費　(B)美國托兒所屬「兒童局」管
轄，蘇俄托兒所屬「公共衛生部」管轄，日本保育所屬「文部省」
管轄　(C)英國1944年巴特勒教育改革法案（Butler Act），將幼兒
學校納入義務教育的階段　(D)德國完整幼稚園專門招收已到義
務教育年齡，但知能尚未成熟到上小學的幼兒。【86嘉南、高屏
專夜】

（ A ）38.下列何者非我國教育部公布「教育報告書」（白皮書）之學前教
育發展方向？　(A)學前教育的年齡由四歲降至二歲半　(B)規模
大的幼稚園可以設立幼兒學校　(C)以「教育代金」方式，幫助
弱勢兒童接受免費學前教育　(D)利用國小空餘教室增設附設幼
稚園。【86嘉南、高屏專夜】

（ C ）39.有關我國幼兒教育的演進，何者正確？　(A)清末是「仿美」的萌
芽期，民初是「仿日」的轉變期　(B)蒙學堂規定入學年齡是四
歲到六歲　(C)民國十二年陳鶴琴先生創辦我國第一所幼稚園南
京鼓樓幼稚園　(D)民國七十六年頒布「幼稚教育法」，使我國幼
稚教育邁向新紀元。【86嘉南、高屏專夜】

（ A ）40.下列何者非日本幼兒教育的特色？ (A)第一個創立國家學前教育機構的國家 (B)托兒所和幼稚園劃分清楚 (C)重視園舍、空間、視聽器材的應用 (D)設「肢障」、「視障」、「情緒障礙」特殊幼兒班。【86嘉南、高屏專夜】

（ C ）41.英國1944年「巴特勒教育法案」（Batler Education Act of 1944）把幼兒教育分為兩個階段，其中的幼兒學校（Infant School）以幾歲的幼兒為對象？ (A)0～2歲 (B)2～5歲 (C)5～7歲 (D)7～11歲。【87保送甄試】

（ C ）42.美國幼教的提前開始方案（Project Head Start）及續接方案（Project Following）是以何種幼兒為對象？ (A)來自黑人家庭的幼兒 (B)身心有殘障的幼兒 (C)來自文化和經濟不利因素家庭的幼兒 (D)來自少數民族家庭的幼兒。【87保送甄試】

（ C ）43.有關各國幼兒保育概況的描述，何者有誤？ (A)日本管轄保育所的行政機關，在中央為厚生省 (B)蘇俄為較大工廠附設托兒所，尚設置夜間班，以適應夜間工作婦女之要求 (C)英國的義務教育始於兩歲 (D)提前開始方案（Head Start Program）是美國為照顧低收入家庭兒童的補救教育方案。【87四技商專】

（ A ）44.有關我國幼兒保育發展的敘述，何者有誤？ (A)「幼稚園」名稱最早出現於民國八年 (B)開辦最早的托兒所是「中華慈幼協會」設立之「慈幼托兒所」 (C)最早的「托兒所設置辦法」是於民國四十四年由內政部頒布的 (D)民國八十四年內政部頒布「兒童福利專業人員資格要點」。【87四技商專】

（ A ）45.下列所述各國保育概況，何者為非？ (A)法國的幼兒教育，屬於義務教育的範圍 (B)英國的幼兒教育分兩階段：第一階段為保育學校，第二階段為幼兒學校 (C)美國的「提前開始方案」（Head Start Project）主要在使貧窮子弟，能獲得補救教育的機會 (D)俄國境內不允許有私立的幼稚教育機構設立。【88四技商專】

（ B ）46.我國第一所幼保機構於清光緒二十九年於： (A)上海 (B)武昌 (C)南昌 (D)北平 設立。【88保送甄試】

（ C ）47.哪一國設有合作托兒所的組織，其接受公立學校家庭生活教育部

門輔導？ (A)英國 (B)德國 (C)美國 (D)法國。【88嘉南、高屏專夜】

（ B ）48.於民國十二年首辦我國第一所幼稚園南京鼓樓幼稚園的人是：(A)張雪門 (B)陳鶴琴 (C)張之洞 (D)張百熙。【88嘉南、高屏專夜】

（ C ）49.日本的托兒所及幼稚園分別屬於何種行政部門管理？ (A)公共衛生部、各邦教育部 (B)內政部、社會局 (C)厚生省、文部省 (D)兒福部、社教部。【88嘉南、高屏專夜】

（ D ）50.關於日本的保育所，下列敘述何者有誤？ (A)是根據兒童福利法設置的兒童福利設施 (B)保育時間以8小時為原則，但所長亦可自訂保育時間 (C)有公立、私立及無認可保育所三種 (D)無認可保育所是經營完善，不必經過政府評鑑認可的保育所。【88保送甄試】

（ C ）51.下列有關日本劃世紀的保育政策「天使計畫」之描述，何者為非？ (A)建設全面性的幼兒教養網路 (B)因應科技高速發展、高齡化、少子化、21世紀社會的必要措施 (C)會加重父母育兒負擔 (D)企業內設置幼兒托育、教育、諮詢設施，建立員工育兒假、津貼制度等。【88嘉南、高屏專夜】

（ E ）52.英國的那一份報告書已提到，將特殊教育工作推展到嬰幼兒階段？ (A)巴特勒教育改革法案 (B)卜勞敦報告書 (C)從頭開始方案 (D)費舍法案 (E)瓦那克報告。【89推薦甄試】

（ E ）53.我國幼兒教育發展簡史分為：①幼教轉變期②幼教發展期③幼教萌芽期④幼教奠基期等四期，依先後發展順序排列，下列何者正確？ (A)①→②→③→④ (B)④→③→②→① (C)②→③→④→① (D)③→②→①→④ (E)③→①→④→②。【89推薦甄試】

（ D ）54.幼稚教育法第二條規定，幼稚園收托對象為下列何者？ (A)初生滿一個月至未滿六歲之兒童 (B)二歲至六歲之兒童 (C)三歲至六歲之兒童 (D)四歲至入國民小學前之兒童。【81幼教學分班】

（ B ）55.我國幼稚教育法第八條規定，幼稚園教學每班兒童不得超過多少

人？ (A)二十五人 (B)三十人 (C)三十五人 (D)四十人。
【76幼師甄試、76、81保送甄試】

(A) 56.蒙養院乃專為保育3～7歲幼兒而設，課程主要為遊戲、歌謠、談話及 (A)手技 (B)常識 (C)音樂 (D)健康 四項。【80四技商專】

(D) 57.六年幼教計畫中，下列何者非提供就學機會之項目 (A)增設公立國小附幼 (B)增加偏遠地區及低收入家庭兒童就學機會 (C)增加特殊幼兒回歸主流就學機會 (D)將幼兒入園率提升至百分之九十。【81四技商專】

(A) 58.聯合國兒童權利宣言於民國幾年通過？ (A)四十八年 (B)五十八年 (C)六十八年 (D)七十八年。【81幼教學分班】

(C) 59.我國法定的「學齡兒童」是指何種年齡層的兒童而言？ (A)滿五歲到十一歲 (B)滿六歲到未滿十一歲 (C)滿六歲到未滿十二歲 (D)滿六歲到未滿十五歲。【82幼教學分班】

(C) 60.基於「世界上最寶貴的資源，不是石油是兒童」一說，「國際兒童年」訂於西元 (A)1960 (B)1965 (C)1979 (D)1986 年。【80幼教學分班】

(A) 61.「回歸主流」，係指將何種程度智障兒童，分發到一般的學校、社會中，與正常兒童一同學習？ (A)輕度 (B)中度 (C)重度 (D)中、重度。【79幼師甄試、81幼教學分班】

(C) 62.下列敘述何者為非？ (A)蒙養院為我國幼兒保育學校之始，招收3～7歲幼兒 (B)農忙托兒所自民國四十七年起為適應農村之需要，改為常年舉辦，成為長期性之農村托兒所，後改稱村里托兒所 (C)民國十一年初見「幼稚園」之名稱 (D)幼稚園課程標準最近一次修訂於民國七十六年。【80四技商專】

第四章

幼兒保育的方法

第一單元　綱要表解

一、保育方式
(一) 全托制

(二) 全日制

(三) 半日制

二、保育種類
(一) 幼稚園課程標準

(二) 活動評量

(三) 嬰幼兒發展測驗

(四) 中國學齡前兒童行為發展量表

第二單元　重點整理

一、保育方式

1. 全托制：24小時的托育，以育嬰中心、育幼院、社福機構為主。
2. 全日制：7～12小時的托育，每週5～6次，以托兒所、幼稚園或社福機構為主。
3. 半日制：3～6小時的托育，每週5～6次，以出生～2足歲嬰兒為主，托嬰宜以半日制為佳。

二、保育種類

1. 幼稚園課程標準：含有目標、內容、實施要點及評量。
2. 活動評量：內含個人資料、心理面、語言面、工作才能等。
3. 嬰幼兒發展測驗：又名丹佛測驗（DDST）
   ①目的：早期發現發展遲緩的小孩。
   ②適用年齡：0～6歲。
   ③內容：
      (a)粗糙動作
      (b)精密動作及適應能力
      (c)語言
      (d)身邊處理及社會性
   ④為目前測量兒童發展最常用的方法。

第三單元　歷屆聯考試題集錦

（ C ）1.評估兒童生長發展，最常用的丹佛測驗（D.D.S.T）量表，其適用的年齡為　(A)二歲以內　(B)四歲以內　(C)六歲以內　(D)十歲以內。【87台中專夜】

（ C ）2.關於保育的評量，下列哪些是正確的？①每一項目應有80％同齡幼兒通過②在活動過程中實施評量是最佳時機③評量應以單元活動目標為依據④保育員本身也是評量的對象　(A)①③　(B)①②③　(C)①③④　(D)①②③④。【87台北專夜】

（ D ）3.小華喜歡以扮鬼臉的方式來引起別人注意，老師為了消除此種行為，在小明扮鬼臉的時候，便裝作沒看見，不理他，此種方式稱為？　(A)懲罰　(B)正增強　(C)抑制　(D)消弱。【85台北專夜】

（ C ）4.在幼兒的學習過程中，讓他們自己去做、自己去看、自己去想、自己去經歷，這是屬於　(A)環境的影響性　(B)興趣的必要性　(C)活動的自發性　(D)發展的連續性。【85台中專夜】

（ C ）5.下列哪一項可適用於學齡前幼兒？　(A)國語文能力測驗　(B)人格測驗　(C)嬰幼兒發展測驗　(D)魏氏兒童智力量表。【85幼師甄試】

（ C ）6.台大醫院兒童心理衛生中心修訂的「嬰幼兒發展測驗（DDST）」是用來測量嬰幼兒何種發展？　(A)氣質　(B)智商　(C)細粗動作、社會及語言發展　(D)創造力。【86四技商專】

（ D ）7.托兒所進行評量工作時，下列何者非幼保人員的主要職責？　(A)評量幼兒活動狀況　(B)評量課程實施狀況　(C)評量幼兒身心發展狀況　(D)建立幼兒發展常模。【86台北專夜】

（ B ）8.下列有關艾肯遜（Atkinson, 1965）的動機理論，何者有誤？　(A)個人追求成功的傾向，即是個人的成就動機　(B)成功機率達百分之百時，個人的成就動機最強　(C)成就動機的強弱和個人性格有關　(D)兩種性質相反的動機同時發生時，個人行動是受動機較強者支配。【86嘉南、高屏專夜】

（ C ）9.國內現行幼兒保育內容不包括下列哪一項？ (A)營養與健康管理 (B)安全教育 (C)國家先修 (D)生活輔導。【86保送甄試】

（ B ）10.發現所有不同類族社會的幼兒都有愛與安全、求知與經驗、讚許與認可，以及任務與責任等四種需求的心理學家是 (A)赫威斯（Havighurst） (B)普靈格（Pringle） (C)馬斯洛（Maslow）(D)艾瑞克遜（Erikson）。【86保送甄試】

（ C ）11.教師教學前需有充分準備，必須考慮幼兒的動機與興趣，使用的教材教法要配合幼兒的智力發展。這是說明布魯納（Bruner）對幼兒教保活動所提出的哪一個原則？ (A)動機原則 (B)結構原則 (C)順序原則 (D)增強原則。【86保送甄試】

（ B ）12.坊間的兒童讀物充滿西方文化，缺乏自己民族文化的特色。這是屬於現今幼兒教育問題的哪一項？ (A)教育目標 (B)教學課程 (C)師資 (D)環境設備。【87台北專夜】

（ B ）13.按實施評量的時機分類，保育人員於「教保活動進行中所實施的評量」，稱為何種評量？ (A)預備性評量 (B)形成性評量 (C)總結性評量 (D)發展性評量。【87四技商專】

第五章
幼兒教保目標與活動內容

第一單元　綱要表解

一、教保目標

1.托兒所

2.幼稚園

二、幼稚園教保活動內容

1.健康：健康的身體、健康的心理、健康的生活。

2.遊戲

　①感覺動作遊戲

　②創造性遊戲

　③社會性活動與模仿想像遊戲

　④問題解決遊戲（problem-solving Game）

　⑤閱讀及觀賞影片遊戲

3.音樂

　①唱遊

　②韻律：模擬韻律（rythm simulation）、自由韻律（free rythm）。

　③欣賞

　④節奏樂器

4.勞作：繪畫、紙工、雕塑、工藝。

5.語文：故事與歌謠、說話、閱讀。

6.常識：數學（數、形、量）觀念、自然、社會。

三、托兒所教保活動內容

1.0～1歲嬰兒組

2.1～2歲幼兒組

　①遊戲

　②生活習慣

3.2～3歲幼兒組

　①遊戲

三、托兒所教保活動內容

②音樂

③勞作

④語言

⑤常識

⑥生活習慣

4.3～4歲幼兒組

①遊戲

    a.抽象觀念（abstraction concept）

    b.生活習慣

②音樂

③勞作

④語言

⑤常識

5.4～6歲幼兒組

①遊戲

②音樂

③勞作

④語言

⑤常識

⑥抽象觀念

⑦生活習慣

第二單元　重點整理

一、幼稚園教保活動內容

幼兒教育的課程內容分為六大領域，分別為健康、遊戲、音樂、勞作、語文、常識，活動時應注意全局性與整體性的規劃。

1.健康

①目標：實施幼兒安全教育，協助幼兒獲得自我保護的能力。

②範圍

a.注意健康檢查：定期檢查、晨間檢查。

b.疾病的預防：接受健康檢查與預防接種，維護牙齒與視力的健康。

c.注重營養與衛生：食物中的七大營養素：蛋白質、醣類、脂肪、礦物質、維生素、纖維素和水。

d.特別重視雙手的清潔和牙齒、視力的保健。

e.每個學期至少舉行1～2次定期健康檢查。

f.餐點時間最好距前後正餐時間約2小時，每次點心時間以15～20分鐘為原則。

g.健康的心理。

h.健康的生活：室內與室外的安全教育，飲食與交通的安全教育，水、火、電的安全教育；靜息與健康，實施時間，靜息在餐點或大量活動之後，每次約有3～5分鐘左右，靜臥則適於全日制幼兒，每日約有1～2小時的午睡。

2.遊戲

①感覺動作遊戲

②創造性遊戲

③社會性活動與模仿想像遊戲

④問題解決遊戲（problem-solving game）

⑤閱讀及觀賞影片遊戲

3.音樂

①唱遊

　　a.歌詞的長度，每句以一或二小節，歌曲的長度以8～16小節為宜。

　　b.音域或音程：音域以中央C到高音的C八度音為主，音程以三度音到五度音為宜。

　　c.節奏：適合幼兒的節奏為二拍子，其次為四拍子，再次為三拍子。

　　d.「仿唱」與「聽唱」。

　　e.可採取新舊歌曲交錯學習，可增加幼兒學習的樂趣。

　　f.習唱方式要富變化，可採齊唱（最多不可超過三次）、分唱、接唱、獨唱、默唱或哼唱，應用輕聲好聽的聲音或快樂的聲音歌唱。

②韻律：

　　a.模擬韻律

　　b.自由韻律

　　c.曲調由低音向高音發展時，應配以向上或前進的動作，曲調由高音向低音發展時，應配以沈重或退後的動作。

③欣賞：睡眠時的音樂，以節奏緩慢，曲調優美者為宜。

④節奏樂器：敲打節奏樂器，敲打克難樂器，小樂隊合奏，二拍子為強、弱，三拍子為強、弱、弱，四拍子為強、弱、次強弱，樂隊隊員應以男女幼兒混合編組，練習時間每次以20～30分鐘為宜。

4.勞作

①繪畫

　　a.自由畫

　　b.合作畫：共同決定題材，設計畫面。

　　c.故事畫：分若干段落要點。

　　d.混合畫：使用各種畫筆。

e.圖案畫：用相同或不同的圖形組合。

　　f.顏色遊戲畫：以不同的顏料和畫筆作畫。

　　g.版畫

②紙工

③雕塑：泥工、沙箱、積木、雕塑，使用塑膠泥做泥土時，以單色
　　為宜，泥糰大小以拳頭大為宜，不要一次給予太多種類的積木，
　　沙箱附近宜有洗手台。

④工藝：木工需選用質料粗鬆的軟木，縫紉宜用大號縫針，縫線最
　　好用雙線，尾端並打上結，木工場所最好在教室另闢一角。

5.語文

①故事與歌謠

②說話：用直接法教學國語。

③閱讀：選擇讀物時，紙張微黃，不反光為原則。

6.常識

①社會

②自然：每一種科學活動，在設計時應包含下列三種主要目標：科
　　學概念的獲得、科學方法的學習、科學態度的培養，而科學教具
　　的種類有：配對、分類、對應、序列教具。

③數、形、量觀念

　　a.物體數、形、量之比較。

　　b.認識基本圖形：三角形、正方形、長方形、圓形等。

　　c.物體的單位名稱。

　　d.順數與倒數。

　　e.方位：認識上下、前後、左右、中間等。

　　f.面積保留：組成4×5的長方形面積，應該與敞開來的大小一樣。

　　g.體積保留：從高腳杯倒在平的淺盤裡，水的容積不變。

　　h.重量保留：意指一團泥塊，不論弄成扁餅狀或揉成長條狀，它
　　　的重量都不變。

　　i.阿拉伯數字：辨認零至十的阿拉伯數字。

　　j.時間概念：知道星期日～星期六的正確名稱。

二、托兒所教保活動內容

1.0～1歲之嬰兒組

2.1～2歲之幼兒組：①遊戲、②生活習慣

3.2～3歲之幼兒組：①遊戲、②音樂、③勞作、④語言、⑤常識、⑥生活習慣

4.3～4歲之幼兒組

①遊戲：為合作性的團體遊戲，可進行有組織、有規劃的遊戲。

②音樂：歌詞的長短每句以一或二小節為宜，歌曲的長度則以八小節為宜，音域最合適的是三度到五度者。

③勞作

④語言：其發展特徵是「使用複句」與「好問期」，其聽取與表達能力可從下列活動中訓練

a.娃娃家活動

b.生活報告

c.作品介紹

d.常識討論

⑤常識（common sense）

⑥抽象觀念

a.數（number）概念的培養：數起源於「數」，一個一個地數，因而出現了1、2、3、4、5、……。

b.空間概念（spatial concept）：我們周圍有各式各樣（diversified）的形（geometry）：三角形、正方形、圓形等等。我們用多種的量：一把尺的長度、幾個蘋果的重量、一個牛奶瓶的容積。可提供孩子移動及觀察圖形的經驗，認識空間的模式，呈現出在二度空間平面的移動，以及使用空間的模式來加強對數字的觀念等。

c.邏輯分類（logical classification）觀念：邏輯思考只是把事情弄得比較合理，通常也比較有條有理，這包括依照東西特性加以分類（比如說：看東西是罐裝還是袋裝的），或是預先想到下一

個行動的結果會怎樣（比如說：再多打一桶子）。

5.4～6歲之幼兒組

①遊戲

②音樂

③勞作

④語言

⑤常識

⑥抽象觀念

　　a.數的概念

　　b.空間概念

　　c.時間概念

　　d.邏輯分類概念

⑦生活習慣與態度

（ A ）1.依七十六年元月教育部修訂公布的「幼稚園課程標準」，幼稚園課程領域包括下列何者？　(A)健康、遊戲、工作、語文、音樂、常識　(B)日常生活訓練、感覺教育、數學教育、語言教育、文化教育　(C)健康、社會、科學、藝術、語文　(D)健康、社會、語言、自然、音樂、造型。【81幼教學分班】

（ B ）2.依據內政部頒定「托兒所教保意義與內容」，托兒所內嬰幼兒活動內容應包括哪幾項？　(A)五項（遊戲、音樂、語文、工作、常識）　(B)五項（遊戲、音樂、工作、故事和歌謠、常識）　(C)六項（健康、遊戲、音樂、工作、語文、常識）　(D)六項（遊戲、音樂、工作、語文、故事和歌謠、常識）。【85嘉南、高屏專夜】

（ A ）3.下列音樂教學方式何者不適當？①每天教唱一首新歌②先熟悉旋律再教唱歌曲③幼兒歌曲的長度最適合八至十六小節④歌曲教唱要鼓勵幼兒大聲唱才有精神　(A)①④　(B)②③　(C)③④　(D)①③④。【86四技商專】

（ D ）4.年齡越小的幼兒，越適合進行下列哪一種紙工活動？　(A)紙雕　(B)紙漿工　(C)捲紙工　(D)撕紙工。【86台中專夜】

（ D ）5.下列有關幼兒數量的學習能力發展順序為何：①十以內的實物，無論如何變換空間、距離，均能正確數算②能一對一對應，正確數算十以內的實物③順序唱數一至十④能用手一對一點數，但無法說出正確數目　(A)③→②→④→①　(B)③→④→①→②　(C)④→③→②→①　(D)③→④→②→①。【86四技商專】

（ B ）6.有關評量的敘述，下列何者錯誤？　(A)其種類大致分為四種：前評量、過程評量、後評量、追蹤評量　(B)評量的對象僅針對幼兒　(C)通常評量以四分之三以上的幼兒通過為基準　(D)常見的評量方法計有口頭評量、表演、觀察、成品展示、調查以及評量表等。【87台中專夜】

（ B ）7.一般幼稚園的教學評量應重視：　(A)預備性評量　(B)形成性評量

（C)總結性評量　(D)補救性評量　，才符合幼教理念。【86嘉南、高屏專夜】

（ C ）8.為小班幼兒設計有關工作領域的學習活動，下列何者不適宜？ (A)漿糊畫　(B)麵糰遊戲　(C)立體工　(D)撕貼畫。【87四技商專】

（ C ）9.幼兒進餐時，播放什麼音樂比較適宜？ (A)節奏緩慢曲調優美　(B)節奏較快曲調活潑　(C)節奏適中曲調優美　(D)節奏明顯曲調活潑。【86四技商專】

（ B ）10.按實施評量的時機分類，保育人員於「教保活動進行中所實施的評量」，稱為何種評量？ (A)預備性評量　(B)形成性評量　(C)總結性評量　(D)發展性評量。【87四技商專】

（ C ）11.教師進行教學評量的目的不包括 (A)了解學生進步的情形　(B)評量教學是否達到預期目標　(C)篩選資賦優異學生進入資優班　(D)診斷出學習有困難的幼兒進行補救教學。【87台北專夜】

（ B ）12.可讓教師依據幼兒反應，針對教學內容或教學方法作適當修正的評量方法是 (A)預備性評量　(B)形成性評量　(C)診斷性評量　(D)總結性評量。【87嘉南、高屏專夜】

（ A ）13.下列唱遊的實施方法，何者錯誤？ (A)習唱方法宜採用齊唱方式，且多次大聲地練習方能熟悉　(B)歌曲的長度以八小節至十六小節為宜　(C)歌詞宜口語化　(D)較適合幼兒的節奏為二拍子。【87台中專夜】

（ C ）14.下列何者不適宜幼兒階段數領域的教學內容？ (A)認識十進位的結構　(B)體察時間的進行　(C)練習＋－×÷的運算　(D)辨識上、下、左、右、前、後、內、外等方位。【87台中專夜】

（ D ）15.為讓幼兒學習比較那邊多或少是運用 (A)配對　(B)分對　(C)配對　(D)對應。【86嘉南、高屏專夜】

（ C ）16.「數量形」是屬於那一種課程領域的內容？ (A)身體發展的課程領域　(B)語文的課程領域　(C)探索的課程領域　(D)創造性的課程領域。【87保送甄試】

第六章

幼兒保育行政

第一單元　綱要表解

一、行政組織與管理		
（一）托兒所的行政組織	1.行政組織與人員編制 2.托兒所行政組織系統圖 3.所長（主任）之職掌 4.保育員之職掌 5.社會工作員之職掌	
（二）托兒所之行政管理	1.文書管理 2.事務管理 3.經費管理 4.圖書管理 5.人事管理 6.所務會議	
二、教育與課程		
（一）托兒所的教務工作	1.學籍編制 2.學籍編造 3.編排幼兒作息時間表 4.學習活動評量 5.輔導工作	
（二）托兒所的課程	1.生活習慣的培養 2.活動與輔導	
三、場地所建築		
（一）托兒所之場地	1.在地理環境方面 2.在人文環境方面	
（二）托兒所之面積		

(三) 托兒所之建築	1.方向	
	2.形式	
	3.建築材料	
	4.建築項目說明	
四、設備與教具		
(一) 托兒所的設備	1.托兒所的設備原則	
	2.托兒所的設備種類	
(二) 托兒所的教具	1.福祿貝爾恩物	
	2.蒙特梭利教具	
	3.視聽教具	
五、衛生保健		
(一) 衛生環境的設計	1.室內環境	
	2.室外環境	
	3.行政及教保人員之衛生	
(二) 幼兒健康管理	1.健康觀察	
	2.晨間檢查	
	3.健康檢查	
六、家庭和社區聯繫		
(一) 托兒所與家庭之聯繫	1.聯繫的工作內容	
	2.聯繫的方式	
	3.記錄	
(二) 托兒所與社區之聯繫	1.聯繫的工作內容	
	2.聯繫的方式	
	3.記錄	
七、幼托整合		

第二單元　重點整理

一、教保機構

我國目前的幼兒保育機構大致上可分為幼稚園、托兒所、育幼院及殘障福利機構。

二、幼稚園及托兒所

1. 依據「幼稚教育法」第三條，「幼稚教育」之實施，應以健康教育、生活教育及倫理教育為主，並與家庭教育密切配合。
2. 依據民國70年8月15日內政部修訂公布「托兒所設置標準」。
3. 新生嬰兒自出生滿1個月～6足歲前，凡身心健康者，皆可收托。
4. 依照「托兒所設置辦法」第四條規定分下列三種：
    ①半日托：每日收托時間3～6小時。
    ②日托：每日收托時間7～12小時。
    ③全托：收托時間連續24小時以上，收托4歲以上，6歲以下兒童者，除家長因特殊情形無法照顧外，不得全托。
5. 凡家境清寒之兒童得申請減免費優待，其實施情形應按期排列，報請當地主管機關核備。
6. 托兒所得接受外界之補助，其補助限用於減低兒童納費及增加設備，並於年終造冊，報請當地主管機關備查。
7. 創辦人籌組董事會，延聘9～15人為董事。
8. 我國目前的法令規定托兒所的師生比例是：
    ①1：10（1個月～1歲）
    ②1：15（1歲～2歲）
    ③1：13～15（2歲～4歲）
    ④1：16～20（幼稚園，即滿四歲至未滿六歲的幼兒）
9. 幼稚園的教育行政主管機關，中央為教育部的國民教育司，直轄市

及縣（市）為教育局。

10.托兒所的行政主管機關，中央為內政部，縣（市）政府或直轄市為社會局，鄉鎮市區為民政課。

11.設置托兒所應向當地主管機關辦妥立案手續後始得收托兒童，其逾半年不為立案之申請者，應勒令停辦。

12.私立幼稚園辦理不善或違反法令者，所在地主管教育行政機關應視其情節，分別為下列之處分：

①糾正

②限期整頓改善

③減少招生人數

④停止招生

三、育幼院

1.依據「兒童福利法」與「育幼院扶助兒童辦法」第二條規定：育幼院收容之兒童，以有兒童福利法第二十一條第二次情事，或無法生活，合於下列規定之一者為限：

①父母雙亡者。

②父母一方死亡其存在之一方，父母離婚負教養責任之一方或父母雙方具有下列情事之一者。

　a.患有精神病者。

　b.患有非短期可以治療之嚴重疾病者。

　c.殘障失去工作能力者。

　d.經判決在刑事執行機構執行中者。

③父母一方失蹤或被遺棄者。

④流浪無依或被遺棄者。

⑤肢體障礙或智能不足者。

⑥收受年齡以未滿15歲之兒童為限，必要時可至18歲。

2.依據「育幼院扶助兒童辦理」第四條規定：育幼院扶助之兒童以未滿15歲者為限，但第二條第四款及第五款情事之兒童，得視實際需

要延長至滿18歲。

四、殘障福利機構

1.教保方式
①職業訓練
②日間托育
③住宿教養

五、幼兒教保專業人員

1.園長：幼稚園園長應辦理教師登記，需師範專科學校幼稚教育師資科畢業，從事幼稚教育工作二年以上成績優良者，或各級師範院校各科系，大學教育院系畢業，從事幼稚教育工作三年以上成績優良者。

2.所長：托兒所之所長、主任應具下列資格之一：
①大學以上兒童福利學系、所（組）或相關學系畢業，具有二年以上托兒機構教保經驗。
②大學以上畢業，有三年以上托兒機構教保經驗。
③專科學校畢業，有四年以上托兒機構教保經驗。
④高中（職）畢業，具有五年以上托兒機構教保經驗。
⑤商考、乙等特考，或薦任職升等考試社會行政職系考試及格，具有二年以上托兒機構教保經驗者。

3.教師
①師範專科學校幼稚教育師資科畢業。
②專科以上學校有關幼稚教育科系畢業者。
③高中以上畢業，並曾在主管教育行政機關指定之學校修習幼稚教育專業科目20學分以上成績及格者。
④幼稚教育法實施之前，已依規定取得幼稚園教師資格者。

4.保育員：
①專科以上兒童福利科系或相關科系畢業者。

②專科以上畢業，並經兒童福利保育人員專業訓練及格者。

③高中（職）幼保、家政、護理等相關科系畢業，並經兒童福利保育人員專業訓練及格者。

④普考、丙等特考及格者，且經兒童福利保育人員專業訓練及格者。

註：新舊法之比較

民國84年兒童福利專業人員資格要點與民國70年托兒所設置辦法：

①托兒所原教師之職稱改為「保育員」。

②原保育員職稱改為「助理保育員」。

③新增「保母」此類專業人員。

④取消托兒所中，所有教師之資格。

5.社工人員：即兒童福利社工人員。

6.保母人員：兒童福利保母人員應經技術士技能鑑定及格，取得技術士證。

六、幼兒保育人員的培育與進修

1.訓練課程

①助理保育人員（360小時）：對象為非幼保、家政、護理等相關科系者。

②保育人員（360小時）：對象為幼保、家政、護理等相關科系者，或通過丙等特考等。

③保育人員（540小時）：對象為專科以上非相關科系。

④社工人員（360小時）

第三單元　歷屆聯考試題集錦

（ B ）1.我國幼稚教育法第八條規定，幼稚園教學每班兒童不得超過多少人？ (A)二十五人 (B)三十人 (C)三十五人 (D)四十人。【76幼師甄試、76、81保送甄試】

（ A ）2.依托兒所設置辦法之規定，托兒所之半日制時間應為 (A)3～6 (B)5～12 (C)8～16 (D)7～12 小時。【82保送甄試】

（ D ）3.依托兒所設置辦法之規定，托兒所之全托制，每日收托時間應為 (A)3～6 (B)5～12 (C)8～16 (D)24 小時。【82保送甄試】

（ B ）4.下列各法令：①國民教育法②兒童福利法③幼稚教育法④優生保健法。其依時間先後次序是 (A)①②③④ (B)②①③④ (C)①③②④ (D)③②①④。【82幼教系】

（ A ）5.依照我國「托兒所設置辦法」規定，托兒所得接受外界之補助，但此補助限用在 (A)減低兒童繳納費用及增加設備 (B)提高工作人員的待遇及增加設備 (C)減低兒童繳納費用及提高工作人員待遇 (D)減低兒童繳納費用及購買兒童點心。【82四技商專】

（ D ）6.托兒所與幼稚園教保目標的差異主要是 (A)托兒所較重視生活經驗的充實 (B)托兒所較偏重優良習慣的養成 (C)幼稚園較重視增進幼兒的快樂幸福 (D)幼稚園多了德育與群育的教育目標。【82四技商專】

（ D ）7.依規定，托兒所在收托兒童名額中，至少應有多少比例的清寒生減免的名額？ (A)百分之三 (B)百分之五 (C)百分之八 (D)百分之十。【83四技商專】

（ A ）8.依「托兒所設置辦法」下列何者具有托兒所保育員的資格 (A)護理學校畢業者 (B)國中畢業具有一年幼兒保育工作經驗者 (C)高中畢業接受兩個月保育工作訓練者 (D)高職幼兒保育科肄業者。【83四技商專】

（ B ）9.下列何者不是目前托兒所教保人員的主要培育機構？ (A)公私立高職幼兒保育科 (B)師範學院幼兒教育系 (C)二專幼兒保育科

第六章 第三單元 歷屆聯考試題集錦

（D)技術學院幼兒保育技術系。【84四技商專】

（ C ）10.某托兒所收托2～4歲幼兒24名，4～6歲幼兒28名，依「托兒所設置辦法」規定，下列何者是理想的人員編制？ (A)保育員4名 (B)教師4名 (C)保育員2名，教師2名 (D)保育員1名，教師3名。【84四技商專】

（ D ）11.依據目前托兒所相關法令，下列何者有誤？ (A)托兒所在台灣省的主管機關為社會處 (B)托兒所的收托年齡以初生滿1月至未滿6歲者為限 (C)托兒所應辦妥立案手續後，始得收托幼兒，逾一年不為立案之申請者應勒令停辦 (D)高中以上學校畢業，並接受三個月以上保育工作訓練者，具有保育員之資格。【84四技商專】

（ B ）12.初生至二歲之嬰兒有特別需要母親撫育之安全感，不宜與母親分離過久，故托嬰部宜以 (A)全日托 (B)半日托 (C)全托制 (D)臨時托制 為原則。【84保送甄試】

（ B ）13.下列那一項對辦理不善或違規的幼稚園處罰方式是沒有列在幼稚教育法內的？ (A)糾正 (B)增加納稅額 (C)減少招生人數 (D)停止招生。【85保送甄試】

（ A ）14.國民小學附設的啟聰班是招收那一種身心障礙的幼兒？ (A)聽覺障礙 (B)視覺障礙 (C)智能不足 (D)肢體殘礙。【85保送甄試】

（ C ）15.依據兒童福利法施行細則，下列何者錯誤？ (A)公私立兒童教養機關，以採家庭型態之教養設施為原則，其收容人數，每單位以不超過十二人為宜 (B)私人或團體興辦兒童福利設施，如創立後不為立案之申請逾半年者，主管機關勒令停辦 (C)兒童福利設施，不得利用其事業為任何不當之宣傳，但得兼營謀利事業 (D)私人或團體捐贈兒童福利機構之財物、土地，得申請減免稅捐。【85四技商專】

（ A ）16.依照兒童福利法規定，保育人員知悉兒童有遭受身心虐待情形時，應於何時向當地主管機關報告？ (A)24小時內 (B)36小時內 (C)48小時內 (D)72小時內。【85四技商專】

（ B ）17.①量身高、體重②量胸量、頭圍③觀察牙齒、皮膚④觀察精神及運動機能⑤胸部Ｘ光檢驗，請由以上五項中選出托兒所對每一幼兒入所前應檢查之項目： (A)①②③④⑤ (B)①②③④ (C)①②③ (D)①②③⑤。【85嘉南、高屏專夜】

（ B ）18.陳女士為幼稚園退休老師，欲在高雄市創辦一所托兒所，她應該向哪一單位申請立案？ (A)高雄市教育局 (B)高雄市社會局 (C)台灣省社會處 (D)台灣省教育廳。【85四技商專】

（ C ）19.依照兒童福利法規定，兒童出生後幾日內，接生人應將出生之相關資料通報戶政及衛生主管機關備查？ (A)一日 (B)三日 (C)十日 (D)三十日。【85四技商專】

（ C ）20.我國特殊教育施行細則於民國哪一年通過？ (A)七十五年 (B)七十三年 (C)七十六年 (D)七十四年。【85幼師甄試】

（ B ）21.腦性麻痺是哪一種類型的障礙？ (A)身體病弱 (B)肢體障礙 (C)多重障礙 (D)智能障礙。【85幼師甄試】

（ A ）22.兒童福利法中所稱的兒童，是指未滿幾歲之人？ (A)十二歲 (B)十三歲 (C)十四歲 (D)十五歲。【85四技商專、普考、幼師甄試】

（ D ）23.假如您的托兒所設立於新店市，應向何種機關提出立案申請？ (A)教育部 (B)內政部 (C)社會處 (D)社會局。【85台北專夜】

（ D ）24.托兒所在鄉鎮的主管機關是哪一個單位？ (A)教育廳 (B)社會局 (C)社會處 (D)民政課。【85台中專夜】

（ C ）25.依據兒童福利法的規定，下列何者錯誤？ (A)兒童指未滿十二歲之人 (B)父母對於六歲以下兒童不得使其獨處 (C)保育人員知悉兒童受傷害等情事，應於四十八小時內向當地主管機關報告 (D)滿七歲兒童被收養時，兒童之意願應受尊重。【85台中專夜】

（ C ）26.依據民國八十四年七月頒布之「兒童福利專業人員資格要點」，下列何者不具備保育人員資格？ (A)專科以上學校兒童福利科系或相關科系畢業者 (B)專科以上學校畢業，並經兒童福利保育人員專業訓練及格者 (C)高中（職）學校幼兒保育科畢業者 (D)高中（職）學校護理科畢業，並經兒童福利保育人員專業訓

練及格者。【86四技商專】

（ B ）27.依據現行托兒所設置辦法第三條規定，托兒所收托年齡涵蓋的範圍是 (A)初生滿一個月至未滿四歲 (B)初生滿一個月至未滿六歲 (C)二歲至四歲 (D)四歲至六歲。【85台北專夜、86嘉南、高屏專夜】

（ C ）28.托兒所設置辦法中，規定托嬰部的收托年齡為 (A)出生至滿一個月 (B)出生滿一個月至一歲 (C)出生滿一個月至未滿二歲 (D)出生至未滿二歲。【86台中專夜】

（ D ）29.下列哪一法規明定六歲以下兒童不可獨自留於家中？ (A)幼稚教育法 (B)托兒所設置辦法 (C)家庭教育法 (D)兒童福利法。【86台北專夜】

（ B ）30.幼稚園、托兒所內的廁所，應如何設計？ (A)集中一處，便於處理 (B)遠離廚房、經常沖洗 (C)門向內開，且應裝鎖 (D)以採坐式馬桶為宜。【86嘉南、高屏專夜】

（ B ）31.依兒童福利法之規定，父母或監護人不得將幾歲以下的兒童單獨留在家中？ (A)三歲 (B)六歲 (C)九歲 (D)十二歲。【86台中專夜】

（ D ）32.下列何者不是托兒所的主管機關？ (A)民政課 (B)社會局 (C)內政部 (D)教育部。【86台北專夜】

（ B ）33.依據現行托兒所設置辦法第三條規定，托兒所收托年齡涵蓋的範圍是 (A)初生滿一個月至未滿四歲 (B)初生滿一個月至未滿六歲 (C)二歲至四歲 (D)四歲至六歲。【86台北專夜】

（ D ）34.下列何者不是托兒所的主管機關？ (A)民政課 (B)社會局 (C)內政部 (D)教育部。【86台北專夜】

（ B ）35.陳先生想設一所私立托兒所，其設立程序為：①檢具相關資料，如概況表、組織單程、托收辦法、經費來源……等②籌組董事會，延聘9至15人為董事，推舉董事長、常務董事③報請當地社會行政主管機關 (A)①→②→③ (B)②→①→③ (C)③→①→② (D)①→③→②。【87四技商專】

（ B ）36.在幼兒園園舍的安排方面，下列那一項是不妥善的？ (A)地勢較

高爽乾燥　(B)建築東西向陽光不足　(C)附近無空氣或水的污染源　(D)有完善的供水及排水系統。【87保送甄試】

（　B　）37.小麗高職幼保科畢業，曾修過師院舉辦的「幼教學分班」課程結業，目前她考上夜二專幼保科，想去找一份白天的工作，依現行法規定，她可以被承認何種正式資格？①幼稚園教師②托兒所保育員③托兒所助理保育員④公立托兒所保育員　(A)①②　(B)①③　(C)①②③　(D)②③④。【87四技商專】

（　D　）38.「兒童福利專業人員資格要點」（新法）與「托兒所設置辦法」（舊法）中，關於人員資格規定的差異何者有誤？　(A)新法中新增「保母」此項專業人員　(B)新法中取消「教師」資格　(C)新法中新增「助理保育員」此項專業人員　(D)新法中取消「社工人員」資格。【87四技商專】

（　C　）39.依據兒童福利法的規定，下列敘述何者錯誤？　(A)兒童指未滿十二歲之人　(B)父母對於六歲以下兒童不得使其獨處　(C)保育人員知悉兒童受傷害等情事，應於四十八小時內向當地主管機關報告　(D)滿七歲兒童被收養時，兒童之意願應受尊重。【86四技商專】

（　D　）40.根據最新兒童福利專業人員資格要點規定，下列何者具有托兒所長、主任資格？　(A)大學以上兒福系畢業，具一年工作經驗，且經主辦單位主管專業訓練及格者　(B)大學以上幼教系畢業，具合格教師資格，且有二年以上教保經驗者　(C)專科以上畢業，具合格教師資格及四年教保經驗者　(D)高職幼保科畢業，具五年教保經驗，且經主辦單位主管專業訓練及格者。【87台中專夜】

（　C　）41.依據兒童福利專業人員資格要點，高中（職）學校畢業並經主管機關主（委）辦之兒童福利保育人員專業訓練及格者得聘為(A)保育員　(B)社工人員　(C)助理保育人員　(D)褓姆。【87嘉南、高屏專夜】

（　D　）42.教育部「普及幼稚教育改革行動方案」中，希望將五歲幼兒入園率提昇至　(A)50%　(B)60%　(C)70%　(D)80%　以上。【87

（ D ）43.專科以上學校兒童福利科系畢業時，具托兒所何種資格？ (A)教師 (B)所長 (C)助理保育員 (D)保育員。【87保送甄試】

（ C ）44.依目前之規定，托兒所的工作人員無何種編制名稱？ (A)所長 (B)保育員 (C)教師 (D)助理保育員。【87保送甄試】

（ B ）45.目前托兒所工作人員資格是由何者所規範？ (A)托兒所設置辦法 (B)兒童福利專業人員資格要點 (C)兒童福利法 (D)師資培育法。【87保送甄試】

（ A ）46.兒童福利法規定兒童出生後多少時間內，接生人應將出生之相關資料通報戶政及衛生主管機關備查？ (A)10日內 (B)24小時內 (C)1個月內 (D)一週內。【87嘉南、高屏專夜】

（ C ）47.為配合八十八年度政府職業分工證照化之施行，托兒所廚工宜具備其 (A)甲 (B)乙 (C)丙 (D)丁 級專業技術執照。【87嘉南、高屏專夜】

（ C ）48.落實親職教育的進行，園、所教師最好可至幼兒家裡進行家庭訪問，訪問過程中不宜 (A)事先與家長約定時間 (B)儘量避免用餐時刻 (C)當著家長、孩子的面批評責備孩子 (D)避免涉及太多個人隱私。【87嘉南、高屏專夜】

（ A ）49.我國的托兒所不由那一部門管轄？ (A)學管課 (B)民政課 (C)社會局 (D)內政部。【88四技商專】

（ D ）50.田所長的托兒所，室內活動面積為600平方公尺，室外活動面積為1200平方公尺，請問她的托兒所最多可收托多少位幼兒？ (A)100人 (B)200人 (C)300人 (D)400人。【88四技商專】

（ C ）51.倪先生開辦的托兒所內，共招收了52名2至4歲的幼兒，請問倪先生最少要聘用幾位保育員？ (A)6位 (B)5位 (C)4位 (D)3位。【88四技商專】

（ B ）52.身為幼教師，當教育價值觀和托兒所主管不符合時，採取下列何種態度？ (A)辭職 (B)和主管面對面溝通，表達自己的價值觀，以求平衡點 (C)身為員工應順從主管 (D)一意執行自己的教育理念。【88台中專夜】

（ B ）53.根據兒童福利人員資格要點，高中職幼保科畢業生需接受幾小時的保育人員專業訓練，方可取得保育人員資格？ (A)270小時 (B)360小時 (C)540小時 (D)畢業即取得保育人員資格。【88台北專夜】

（ D ）54.台灣省村、里托兒所保育員甄選，參加者以幾歲以下，身心健康者為限？ (A)25歲 (B)30歲 (C)35歲 (D)40歲。【88保送甄試】

（ D ）55.以下各種資格中，哪些擁有保育人員？①高（中）職學校幼兒保育、家政、護理相關科系畢業②專科以上學校兒童福利科科系或相關科系畢業者③專科以上學校畢業，並經主管機關主（委）辦之兒童福利保育人員專業訓練及格者④普考、丙等特考及格，並經主管機關主（委）辦之兒童福利保育人員專業訓練及格者 (A)①②③④ (B)①②③ (C)①②④ (D)②③④。【88台中專夜】

（ B ）56.民國84年，托兒所原教師之職稱改為保育員，原保育員職稱改為助理保育員，是依據何法？ (A)托兒所設置辦法 (B)兒童福利專業人員資格要點 (C)幼稚教育法 (D)師資培育法。【88台中專夜】

（ C ）57.下列何者非打擊幼兒教育工作人員專業成長的障礙？ (A)不能有系統地整理自己內在的經驗 (B)不能開放自己接受他人批評 (C)願意接受督導，並自我成長，發表文章 (D)不斷累積經驗，但信仰堅定，堅持不願改變。【88嘉南、高屏專夜】

（ B ）58.教師參加研習後，較宜於下列何種會議中，與全所教師經驗分享？ (A)財務會議 (B)教學研究會 (C)庶務會議 (D)董事會議。【88嘉南、高屏專夜】

（ D ）59.專科學校畢業，取得兒童福利人員資格之後，要有下列何種資格才能當所長？ (A)二年以上托兒機構教保經驗 (B)二年以上托兒機構教保經驗，並經主管機關主（委）辦之主管專業訓練及格者 (C)四年以上托兒機構教保經驗 (D)四年以上托兒機構教保經驗，並經主管機關主（委）辦之主管專業訓練及格者。【88台

中專夜】

（ Ｂ ）60.依照托兒所設置辦法第四條規定，除了家長因特殊情形無法照顧外，何者收托方式不適合幼兒？　(A)半日托　(B)全托　(C)日托　(D)臨時托。【88台中專夜】

（ Ｄ ）61.在台中縣內托兒所要申請立案，需向何單位申請？　(A)台中市教育局　(B)台中縣教育局　(C)台中市社會局　(D)台中縣社會局。【88台中專夜】

（ Ｂ ）62.托兒所的設施，應依據下列何法辦理？　(A)兒童福利法　(B)托兒所設置辦法　(C)兒童福利法施行細則　(D)兒童福利專業人員資格要點。【88台中專夜】

（ Ｄ ）63.根據台灣地區歷年托兒所評鑑計畫中得知，何者非評鑑托兒所的主要目標？　(A)獎勵績優之托兒所　(B)落實兒童福利政策　(C)提供兒童健全成長之良善教保環境　(D)淘汰品質不良之托兒所。【88台中專夜】

（ Ｃ ）64.下列何者不是保育人員的職責？　(A)執行教學計畫　(B)參加在職研習與進修活動　(C)幼兒餐點的管理　(D)推廣親職教育。【88台中專夜】

（ Ｃ ）65.根據民國七十八年公布之「幼稚園設備標準」，每位幼兒所占室內外面積，可分成幾類地區標準？　(A)一類　(B)二類　(C)三類　(D)四類。【88保送甄試】

（ Ａ ）66.依都市計畫法台灣省施行細則，下列何種地區可以設置托兒所，而無任何限制？　(A)商業區　(B)工業區　(C)風景區　(D)農業區。【88台中專夜】

（ Ｃ ）67.玉秀是大專幼保科畢業，在一家托兒所擔任保育員，請問需要甚麼條件才能擔任所長？　(A)四年以上托兒機構教保經驗　(B)五年以上托兒機構教保經驗　(C)四年以上托兒機構教保經驗，並經主管機關主（委）辦之主管專業訓練及格者　(D)五年以上托兒機構教保經驗，並經主管機關主（委）辦之主管專業訓練及格者　(E)不必任何條件。【89推薦甄試】

（ Ｄ ）68.育幼院的收托對象，下列何者不正確？　(A)父母一方失蹤或長期

離家者　(B)流浪無依或被遺棄者　(C)肢體障礙或智能不足者 (D)行為偏差幼兒　(E)父母雙亡者。【89推薦甄試】

（　E　）69.我國學齡前教育師資的培育機構，下列何者不包括在內？　(A)全 國師範學院幼兒教育學系　(B)大專院校之幼兒保育科系　(C)大 學院校之教育學程　(D)大學院校兒童福利系及相關科系　(E)一 般教育基金會的師資培訓中心。【89推薦甄試】

（　E　）70.所謂幼兒教育機構，下列何者不包括在內？　(A)幼稚園　(B)托 兒所　(C)托嬰所　(D)育幼院　(E)才藝中心。【89推薦甄試】

第七章

幼兒保育人員

第一單元　綱要表解

一、幼兒保育人員應有的條件		
（一）要有健全的身心		
（二）要有敬業的精神		
（三）要有高尚的儀表		
（四）要有服務的精神		
（五）要有正確的基本觀念		
二、專業條件		
（一）專業的知識		
（二）專業的技能		
（三）專業的理想		
三、幼兒保育人員的任用資格		
（一）助理保育員		
（二）保育人員		
（三）社工人員		
（四）保母人員		
（五）托兒機構之所長與主任		
四、幼兒保育人員的訓練		
（一）訓練方式	1.正規教育（formal education）	
	2.短期訓練（short-course training）	
	3.在職訓練（in-service training）	
	4.巡迴講習（itinerant training）	
	5.參觀實習（visit and field work）	
（二）訓練課程	1.職前訓練	
	2.在職訓練	
	3.在職研修	

五、幼兒保育人員的福利

（一）薪資福利

（二）休假福利

（三）請假福利

（四）年終獎金、考核與考績

（五）工作時數、輪值與午休

（六）退休與資遣

（七）在職進修研習

（八）其他

六、台灣幼兒保育人員的教育

（一）高級家事職業學校（或高級中學）幼兒保育科

（二）專科學校兒童（幼兒）保育科系

（三）大學及獨立學校幼兒保育相關學系

（四）幼教學程

（五）兒童福利研究所

七、短期及在職訓練

（一）托兒所教保人員進修班

（二）研討會與講習班

（三）保母訓練班

八、公職考試

第七章
第一單元
綱要表解

第二單元　重點整理

一、保育工作人員基本觀念

1. 「育」與「教」並重的教育原則。
2. 幼兒不是成人的縮影。
3. 重視幼兒個別差異。
4. 顧及心能及體力負擔。
5. 以保育工作為終身事業。

二、基本條件

1. 要有健全的身心
2. 要有敬業的精神
3. 要有高尚的儀表
4. 要有服務的精神
5. 要有正確的基本觀念

三、專業條件

1. 專業的知識：具備有關幼兒身心發展的各種知識，才能教導幼兒，並負起四大中心工作：①觀察、②養育、③教育、④保護。
2. 專業的技能
3. 專業的理想

四、幼兒保育人員的任用

1. 初審：審查學經歷證件及健康檢查證明。
2. 筆試：測驗有關幼兒保育與教育方面的學理。
3. 技能考試：專業技能的考試，包括活動設計與試教。

4.口試：了解教保人員的語言能力、應變能力及儀表。

五、幼兒保育人員的進修

1.進修方式
　①閱讀書報
　②參觀
　③座談會
　④教學輔導
　⑤教師講習會
　⑥專題研究

六、保育人員課程及時數說明

1.助理保育員：360小時。

2.保育人員：360小時。

3.保育人員：540小時。

4.社工人員：360小時。

5.托兒機構所長及主任：270小時。

第三單元　歷屆聯考試題集錦

（ B ）1.托兒所之托育服務，是屬於哪一類型之兒童福利服務？　(A)支持性　(B)補充性　(C)替代性　(D)救濟性。【85台北專夜】

（ D ）2.當發現五歲女兒，外生殖部位腫脹、流血，並罹患性病時，這是顯示下列何種情況的指標？　(A)性早熟　(B)行為偏差　(C)性變態　(D)性虐待。【85台北專夜】

（ B ）3.關於兒童性虐待的敘述，下列何者正確？　(A)性虐待之受虐者，絕大多數是男童　(B)性虐待之施虐者，大多數為成年男性，且以兒童之親生父親、繼父居多　(C)性虐待的發生，兒童也應負有部分責任　(D)施虐者與受虐者間，多半是陌生人。【85台北專夜】

（ B ）4.小麗高職幼保科畢業，曾修過師院舉辦的「幼教學分班」課程結業，目前她考上夜二專幼保科，想去找一份白天的工作，依現行法規定，她可以被承認何種正式資格？①幼稚園教師②托兒所保育員③托兒所助理保育員④公立托兒所保育員　(A)①②　(B)①③　(C)①②③　(D)②③④。【87四技商專】

（ A ）5.當幼兒主動向您描述他遭受性虐待的事實，此時下列處理方式何者不適當？　(A)鼓勵其公開說明被虐待的情形，以教育其它兒童　(B)先向其家人求證，再做決定　(C)把幼兒帶至隔離、安全的環境，再讓幼兒說明經過　(D)肯定幼兒勇敢的表露。【85台北專夜】

（ D ）6.「兒童福利專業人員資格要點」（新法）與「托兒所設置辦法」（舊法）中，關於人員資格規定的差異何者有誤？　(A)新法中新增「保母」此項專業人員　(B)新法中取消「教師」資格　(C)新法中新增「助理保育員」此項專業人員　(D)新法中取消「社工人員」資格。【87四技商專】

（ D ）7.成人持書對一位2歲的幼兒說故事，二者位置的安排，下列何者最不適合？　(A)抱著幼兒同向看著書說故事　(B)兩人並坐同向看書說故事　(C)兩人呈90°側坐，一同看書說故事　(D)兩人隔著

桌子對面坐著看書說故事。【88台北專夜】

（ D ）8.下列鼓勵幼兒的用語，何者最適當？　(A)「你真是個好孩子」　(B)「我很以你為傲」　(C)「你用心不就做得很好嘛」　(D)「看得出來，你好像很喜歡這個活動」。【88台北專夜】

（ E ）9.我國學齡前教育師資的培育機構，下列何者不包括在內？　(A)全國師範學院幼兒教育學系　(B)大專院校之幼兒保育科系　(C)大學院校之教育學程　(D)大學院校兒童福利系及相關科系　(E)一般教育基金會的師資培訓中心。【89推薦甄試】

（ C ）10.玉秀是大專幼保科畢業，在一家托兒所擔任保育員，請問需要甚麼條件才能擔任所長？　(A)四年以上托兒機構教保經驗　(B)五年以上托兒機構教保經驗　(C)四年以上托兒機構教保經驗，並經主管機關主（委）辦之主管專業訓練及格者　(D)五年以上托兒機構教保經驗，並經主管機關主（委）辦之主管專業訓練及格者　(E)不必任何條件。【89推薦甄試】

第八章

相關法令

第一單元　綱要表解

一、相關法規

（一）兒童福利法

（二）兒童福利法施行細則

（三）優生保健法

（四）民族保育政策綱領

（五）托兒所設置辦法

（六）兒童福利專業人員資格要點

（七）兒童福利專業人員訓練實施方案

（八）勞動基準法

第二單元　重點整理

一、幼稚園

1.幼稚園教育法：70年11月6日頒布。

2.幼稚園教育施行細則：72年5月7日頒布。

3.幼稚園課程標準：76年1月頒布。

4.私立幼稚園獎勵辦法：72年5月7日頒布。

5.幼稚園園長、教師登記檢定及遴選辦法：72年6月11日頒布。

6.幼稚園設備標準：78年4月頒布。

7.幼稚園設置辦法：32年12月20日頒布，66年6月23日第三次修訂公布。

8.幼稚園課程標準：18年8月頒布，76年1月23日第五次修訂公布。

二、托兒所

1.兒童福利法：62年2月8日制定公布，82年2月5日修正公布。

2.兒童福利法施行細則：62年7月7日發布。

3.托兒所教保手冊：68年12月頒布。

4.托兒所設置辦法：70年8月15日發布。

5.托兒所設施標準：32年12月20日頒布，66年6月23日第三次修訂公布。

6.托兒所工作人員訓練實施要點：72年3月3日頒布。

7.托兒所教保的意義與內容：70年8月15日修訂。

8.托兒所行政：70年8月15日修訂。

9.兒童福利專業人員資格要點：84年7月5日頒布。

三、相關法規

1. 聯合國兒童權利宣言：48年（1959年11月20日）聯合國通過。
2. 兒童權利公約：78年（1989年11月20日）聯合國通過，1990年9月2日正式生效。

四、其他相關法案

1. 優生保健法：73年7月9日總統令公布。
2. 國民教育法：68年5月23日頒布。
3. 勞動基準法：73年7月30日總統令公布，85年12月27日總統令修正公布。
4. 特殊教育法：73年12月17日頒布。

第八章 第二單元
重點整理

第三單元　歷屆聯考試題集錦

（ B ）1.學齡兒童是指　(A)幼稚園的幼兒　(B)小學生　(C)國中生　(D)高中生。【85保送甄試】

（ B ）2.下列有關我國幼兒保育發展的現況敘述，何者最適宜？　(A)自民國八十七年起，托兒所、幼稚園均歸屬內政部兒童局管轄　(B)目前幼兒教保機構，仍以私立機構爲多　(C)依據托兒所設置相關法規的規定，托兒所僅收托3～6歲幼兒　(D)就讀公立托兒所的幼兒得申請幼兒教育券。【90統一入學測驗】

（ C ）3.美國最新的特殊教育趨勢，把特殊學生盡量全部安置至普通班的措施稱爲　(A)回歸主流　(B)隔離　(C)融合式教育　(D)最少限制的環境。【85幼師甄試】

（ A ）4.依照兒童福利法規定，保育人員知悉兒童有遭受身心虐待情形時，應於何時向當地主管機關報告？　(A)24小時內　(B)36小時內　(C)48小時內　(D)72小時內。【85四技商專】

（ D ）5.民國87年10月18日爲幼教而走的「1018遊行」，有三大訴求，下列何者不包括在內？　(A)發行幼兒教育券　(B)幼托合一　(C)開放師資管道　(D)實施學校小班制。【88推薦甄試】

（ D ）6.下列何者不是托兒所的主管機關？　(A)民政課　(B)社會局　(C)內政部　(D)教育部。【86台北專夜】

（ B ）7.陳女士爲幼稚園退休老師，欲在高雄市創辦一所托兒所，她應該向哪一單位申請立案？　(A)高雄市教育局　(B)高雄市社會局　(C)台灣省社會處　(D)台灣省教育廳。【85四技商專】

（ C ）8.依照兒童福利法規定，兒童出生後幾日內，接生人應將出生之相關資料通報戶政及衛生主管機關備查？　(A)一日　(B)三日　(C)十日　(D)三十日。【85四技商專】

（ B ）9.下列有關我國教保政策發展的現況，何者有誤？　(A)鼓勵私人興辦及公設民營　(B)普設公立嬰幼兒教保機構　(C)發放幼兒教育券　(D)研議幼托整合。【90統一入學測驗】

（ D ）10.下列何者為1999年本土幼教界的大事？　(A)1018大遊行　(B)410教改運動　(C)實施母語教學　(D)幼托合一的議題　(E)幼稚園納入義務教育。【89推薦甄試】

（ B ）11.依兒童福利法之規定，父母或監護人不得將幾歲以下的兒童單獨留在家中？　(A)三歲　(B)六歲　(C)九歲　(D)十二歲。【86台中專夜】

（ C ）12.我國特殊教育施行細則於民國哪一年通過？　(A)七十五年　(B)七十三年　(C)七十六年　(D)七十四年。【85幼師甄試】

（ B ）13.下列哪一項對辦理不善或違規的幼稚園處罰方法是沒有列在幼稚教育法內的？　(A)糾正　(B)增加納稅額　(C)減少招生人數　(D)停止招生。【85保送甄試】

（ C ）14.保育人員被納編在兒童福利專業人員之一，是在民國　(A)72年　(B)74年　(C)82年　(D)84年。【88推薦甄試】

（ A ）15.兒童福利法中所稱的兒童，是指未滿幾歲之人？　(A)十二歲　(B)十三歲　(C)十四歲　(D)十五歲。【85四技商專、普考、幼師甄試】

（ B ）16.初生至二歲之嬰兒有特別需要母親撫育之安全感，不宜與母親分離過久，故托嬰部宜以　(A)全日托　(B)半日托　(C)全托制　(D)臨時托制　為原則。【84保送甄試】

（ D ）17.田所長的托兒所，室內活動面積為600平方公尺，室外活動面積為1200平方公尺，請問她的托兒所最多可收托多少位幼兒？　(A)100人　(B)200人　(C)300人　(D)400人。【88四技商專】

（ C ）18.倪先生開辦的托兒所內，共招收了52名2至4歲的幼兒，請問倪先生最少要聘用幾位保育員？　(A)6位　(B)5位　(C)4位　(D)3位。【88四技商專】

（ D ）19.托兒所在鄉鎮的主管機關是哪一個單位？　(A)教育廳　(B)社會局　(C)社會處　(D)民政課。【85台中專夜】

（ A ）20.國民小學附設的啓聰班是招收哪一種身心障礙的幼兒？　(A)聽覺障礙　(B)視覺障礙　(C)智能不足　(D)肢體殘礙。【85保送甄試】

（ C ）21.任何人剝奪或妨礙兒童接受國民教育之機會或非法移送兒童至國外就學，即違反我國政府所頒布的哪一種法令？　(A)「兒童保護法」　(B)「家庭暴力防制法」　(C)「兒童福利法」　(D)「衛生保健法」。【90統一入學測驗】

（ C ）22.依據兒童福利法施行細則，下列何者錯誤？　(A)公私立兒童教養機關，以採家庭型態之教養設施為原則，其收容人數，每單位以不超過十二人為宜　(B)私人或團體興辦兒童福利設施，如創立後不為立案之申請逾半年者，主管機關勒令停辦　(C)兒童福利設施，不得利用其事業為任何不當之宣傳，但得兼營謀利事業　(D)私人或團體捐贈兒童福利機構之財物、土地，得申請減免稅捐。【85四技商專】

（ B ）23.依據內政部頒定「托兒所教保意義與內容」，托兒所內嬰幼兒活動內容應包括哪幾項？　(A)五項（遊戲、音樂、語文、工作、常識）　(B)五項（遊戲、音樂、工作、故事和歌謠、常識）　(C)六項（健康、遊戲、音樂、工作、語文、常識）　(D)六項（遊戲、音樂、工作、語文、故事和歌謠、常識）。【85嘉南、高屏專夜】

（ C ）24.依據兒童福利法的規定，下列何者錯誤？　(A)兒童指未滿十二歲之人　(B)父母對於六歲以下兒童不得使其獨處　(C)保育人員知悉兒童受傷害等情事，應於四十八小時內向當地主管機關報告　(D)滿七歲兒童被收養時，兒童之意願應受尊重。【86四技商專】

（ D ）25.育幼院的收托對象，下列何者不正確？　(A)父母一方失蹤或長期離家者　(B)流浪無依或被遺棄者　(C)肢體障礙或智能不足者　(D)行為偏差幼兒　(E)父母雙亡者。【89推薦甄試】

（ B ）26.根據兒童福利人員資格要點，高中職幼保科畢業生需接受幾小時的保育人員專業訓練，方可取得保育人員資格？　(A)270小時　(B)360小時　(C)540小時　(D)畢業即取得保育人員資格。【88台北專夜】

第九章

幼教問題現況與未來展望

第一單元　綱要表解

一、幼教問題現況
（一）幼育機構名稱
（二）教保一元化與社會需求
（三）五歲以上兒童教育
（四）幼教師資
（五）幼教機構環境

二、未來展望
（一）增修幼教法令，擴大幼教機會
（二）更新幼教內容
（三）強化（enhancement）師資訓練，提昇幼教師資水準
（四）充實幼教設施，改善學習環境
（五）重視幼教宣導推廣工作
（六）成立幼教行政專責單位
（七）建立各縣市幼教資源中心
（八）設立身心障礙學校，提供學前兒童特殊教育
（九）強化幼教與小學之接軌

第九章　第一單元　綱要表解

第二單元　重點整理

一、幼教問題現況

　　1.幼稚教育應正名為幼兒教育較為精準。

　　2.強化觀念宣導及端正家長觀念，幼教應以生活教育為主。

二、未來展望

　　1.增修幼兒教育法令

　　　①修（增）訂「幼兒教育法令」

　　　　a.修訂「幼稚教育法」及施行細則，將「幼稚教育法」正名為「幼兒教育法」，幼稚園正名為幼兒學校。

　　　　b.明確劃分幼稚園及托兒所的收托年齡。

　　　　c.輔導直轄市及縣市政府設立國小附幼的辦法。

　　　　d.檢討直轄市及縣市政府私立幼稚園申請設立及經費、評鑑等問題。

　　　②擴大幼兒教育機會

　　　　a.利用國小空餘教室辦理公辦民營的學齡前教育機構。

　　　　b.普設公立幼兒學校。

　　　　c.輔導並獎勵私立幼兒學校。

　　　　d.發放幼兒教育券。

　　2.更新幼兒教育內容

　　　①推廣親職教育，強化親師合作。

　　　②強化幼兒生活教育。

　　　③修訂托兒所及幼稚園課程標準。

　　3.強化師資訓練，提昇幼兒教育師資水準

　　　①規劃幼教教師多元化進修。

　　　②保障私立托兒所及幼稚園教師的待遇。

第九章 第二單元 重點整理

③培養健全的幼教師資體系。

4.充實幼教基礎架構，改善學習環境

　①實施公私立幼稚園環境評鑑，並督導改善設備與環境。

　②製作幼兒教保教學資料，發展國際化與本土化的理論與實務。

5.重視幼兒教育的宣導推廣工作。

6.成立幼教行政專責單位。

7.建立各縣市幼兒教育資源中心。

8.設立身心障礙學校，提供學前兒童特殊教育。

9.加強幼兒學校與小學的接軌。

（ C ）1.基於「世界上最寶貴的資源，不是石油是兒童」一說，「國際兒童年」訂於西元　(A)1960　(B)1965　(C)1979　(D)1986　年。【80幼教學分班】

（ A ）2.「回歸主流」，係指將何種程度智障兒童，分發到一般的學校、社會中，與正常兒童一同學習？　(A)輕度　(B)中度　(C)重度　(D)中、重度。【79幼師甄試、81幼教學分班】

（ D ）3.下列敘述何者不符合各國幼兒保育的發展趨勢？　(A)提高幼兒學校教師的素質與待遇　(B)重視幼兒教育的重要性　(C)趨向全民化　(D)由國家管理轉向私人經營。【82四技商專】

（ D ）4.依照我國的幼稚園課程標準，幼稚園課程的中心是？　(A)道德教育　(B)健康教育　(C)人格教育　(D)生活教育。【83保送甄試】

（ A ）5.下列哪一種目標的內容最廣泛？　(A)我國的幼稚教育目標　(B)各幼稚園的教育目標　(C)單獨教學目標　(D)活動目標。【83保送甄試】

（ B ）6.從幼教演進史實，可以看出幼兒教育在先進國家的各種教育中？　(A)發達最早　(B)發達最晚　(C)有的國家發達早，有的國家發達晚　(D)從未發達過。【83保送甄試】

（ B ）7.下列有關親職教育的描述，何者為非？　(A)親職教育活動是以家長為主，故需蒐集家長意見　(B)親職教育是感性的活動，故可隨機舉辦不必先擬計畫　(C)親職教育的活動方式很多，可力求多樣化　(D)家庭訪問也是親職教育的一種方式。【84保送甄試】

（ A ）8.關於幼兒安全環境，下列敘述何者不正確？　(A)是指提供一個絕對安全，不能讓幼兒跌倒、碰撞的環境　(B)是指提供幼兒適性發展所需的設備與環境　(C)是指能兼顧幼兒個別性與社會性需要的環境　(D)是指提供一個讓幼兒生理與心理都能感到舒適的環境。【85四技商專】

（ C ）9.現行幼稚園設備標準是教育部在哪一年公布的？　(A)民國72年

（B)民國76年　(C)民國78年　(D)民國80年。【85保送甄試】

（ A ）10.國民小學附設的啟聰班是招收那一種身心障礙的幼兒？　(A)聽覺障礙　(B)視覺障礙　(C)智能不足　(D)肢體殘障。【85保送甄試】

（ B ）11.學齡兒童是指：　(A)幼稚園的幼兒　(B)小學生　(C)國中生　(D)高中生。【85保送甄試】

（ C ）12.美國最新的特殊教育趨勢，把特殊學生盡量全部安置至普通班的措施稱為　(A)回歸主流　(B)隔離　(C)融合式教育　(D)最少限制的環境。【85幼師甄試】

（ A ）13.融合教育（Inclusive Education）是特殊教育的最新趨勢，是強調特殊兒童與普通兒童之　(A)相似性　(B)個別性　(C)相同性　(D)差異性。【86幼師甄試】

（ C ）14.國內現行幼兒保育內容不包括下列那一項？　(A)營養與健康管理　(B)安全教育　(C)國字先修　(D)生活輔導。【86保送甄試】

（ B ）15.下列何者非「普及幼稚教育改革行動方案」中，增設公立幼稚園之優先補助的對象？　(A)山地　(B)城市　(C)離島　(D)偏遠地區。【87嘉南、高屏專夜】

（ B ）16.台灣目前已有針對公立幼稚園幼兒補助教育津貼的縣市是　(A)台北市、高雄市　(B)台北市、台中市　(C)台北市、台北縣　(D)台中市、高雄市。【87台中專夜】

（ D ）17.下列何者為1999年本土幼教界的大事？　(A)1018大遊行　(B)410教改運動　(C)實施母語教學　(D)幼托合一的議題　(E)幼稚園納入義務教育。【89推薦甄試】

附錄

九十一學年度技術校院四年制與專科學校二年制統一入學測驗試題

專業科目（一）幼保類

幼兒保育概論、幼兒發展與輔導、幼兒衛生保健

（ D ）1.有關幼兒教保之意義與重要性的敘述，下列何者正確？　(A)幼兒期是個體認知學習的唯一關鍵期　(B)三至六歲的幼兒，應以養護為主、教育為輔　(C)狹義的幼兒教保包含家庭、學校與社會教育　(D)托兒所、幼稚園是輔助與延伸家庭教保的場所。

（ B ）2.有關福祿貝爾（Froebel）第一種到第十種「恩物」的敘述，下列何者正確？　(A)又稱「作業恩物」　(B)概念的引導歷程為立體→面→線→點　(C)設計的原則是由抽象到具體　(D)深受蒙特梭利教具設計原則的影響。

（ C ）3.有關皮亞傑（Piaget）認知發展論的敘述，下列何者正確？　(A)皮亞傑是一位幼教實務者，創立「皮亞傑幼兒教學法」　(B)認知發展是指身體動作、理解等生理與心理的發展　(C)皮亞傑以臨床觀察或個別訪談方式研究兒童的認知發展　(D)個體認知結構一旦達到「平衡」（equilibrium）後，就永遠不再改變。

（ C ）4.有關幼兒教育學者的敘述，下列何者正確？　(A)柯門紐斯（Comenius）反對學校教育，認為實施教育最好的場所是社會　(B)盧梭（Rousseau）深受福祿貝爾（Froebel）的影響，主張以幼兒為本位的教育　(C)裴斯塔洛齊（Pestalozzi）的育兒觀，深受《愛彌兒》理論與方法的啟示　(D)盧梭、福祿貝爾、與蒙特梭利（Montessori）共同設計了一套適合幼兒操作的教具。

（ A ）5.有關我國幼兒教保現況的敘述，下列何者正確？　(A)高職幼保科的應屆畢業生，不得擔任幼稚園教師　(B)培育托兒所保育人員唯

一的管道是技職院校的幼兒保育系　(C)托兒所與幼稚園的課程均以「幼兒教育課程大綱」為標準　(D)托兒所與幼稚園的立案標準完全相同。

（ D ）6.下列何者為我國托兒所業務的中央主管機關？　(A)內政部社教司　(B)內政部幼教司　(C)教育部國教司　(D)內政部兒童局。

（ B ）7.下列敘述，何者符合「兒童福利法」與「兒童福利法施行細則」的規定　(A)資賦優異的兒童不屬於特殊兒童的範圍　(B)任何人不得提供檳榔與香煙給不滿十二歲的兒童食用　(C)家長外出時可由國小一年級（七歲）的兄長照顧三歲的弟弟　(D)家長宜偶爾帶六歲以下的幼兒去網咖、酒吧等特種營業場所，以增長其見聞。

（ C ）8.下列何者屬於兒童福利機構？　(A)幼稚園　(B)國民小學　(C)課後托育中心　(D)幼兒美語補習班。

（ D ）9.有關美國幼兒教保概況的敘述，下列何者正確？　(A)公立幼稚園全部採用蒙特梭利教學法　(B)高中幼兒保育科的畢業生即可擔任幼稚園教師　(C)「幼兒學校」源起於美國，並對英國的開放教育影響深鉅　(D)招收五歲幼兒的幼稚園多附設於公立國民小學。

（ A ）10.有關一歲六個月幼兒動作發展的敘述，下列何者正確？　(A)可獨自站立　(B)能選出完整的臉譜圖形　(C)跳繩　(D)可靈活地運用剪刀剪出三角形。

（ B ）11.我國幼兒，按照動作正常發展的順序，下列行為何者最早出現？　(A)仿畫幾何圖形　(B)會使用湯匙進食　(C)扣鈕釦　(D)會使用筷子夾食物。

（ C ）12.下列何種遊戲型態，最能培養五歲幼兒團隊合作的能力？　(A)獨自遊戲（Solitary play）　(B)旁觀遊戲（Onlooker play）　(C)合作遊戲（Cooperative play）　(D)平行遊戲（Parallel play）。

（ A ）13.依據「兒童福利專業人員資格要點」，某人僅具國中畢業學歷與「丙級保母技術士」證照，可擔任下列何種工作？　(A)保母人員　(B)助理保育人員　(C)保育人員　(D)所長。

（ B ）14.為了鼓勵五歲幼兒發展良好的社會行為，成人宜多引導幼兒發展下列何種行為？　(A)平行遊戲的行為　(B)遵守生活常規的行為

(C)服從專制式父母的行為　(D)隨性放任的行為。

（A）15.為幼兒準備餐點時，下列注意事項何者最適當？　(A)食物的製備過程，宜把握「快洗、快煮、快吃」的原則　(B)生食、熟食、蔬菜與肉類應在同一塊砧板上處理　(C)除了辣椒以外，應避免將刺激性的食品，如薑、咖哩放入烹煮的食物中　(D)為便於六歲幼兒咀嚼，食物必須處理成一公分以下的小片或小丁。

（D）16.下列何種方法最能幫助幼兒養成良好的睡眠習慣？　(A)鼓勵多與家人同床睡覺　(B)睡覺前多做劇烈運動　(C)睡前多吃東西　(D)按時就寢、定時起床。

（A）17.有關腸病毒與猩紅熱共同點的敘述，下列何者正確？　(A)為傳染性疾病　(B)使用抗生素治療有效　(C)一次感染可終身免疫　(D)發病症狀，僅在口腔出現水泡。

（C）18.實施三至六歲幼兒安全教育，下列何種方式最不適當？　(A)培養幼兒對安全認知的概念　(B)強調事前安全的預防　(C)禁止與限制幼兒的行動　(D)培養幼兒維護自身安全的能力。

（C）19.有關幼兒遊戲行為的敘述，下列何者正確？　(A)幻想遊戲始於出生時　(B)遊戲與認知發展無關　(C)遊戲可以發洩不愉快的情緒　(D)玩黏土、玩拼圖與溜滑梯屬於建構遊戲。

（A）20.下列何種行為是幼兒發燒時，最適當的處理方式？　(A)多補充水分　(B)多休息，無需就醫　(C)用冷水洗澡，降低體溫　(D)添加衣服，以便出汗退燒。

（D）21.多多摸著爸爸的大肚子說：「爸爸！你什麼時候把弟弟生出來？」爸爸說：「我不是媽媽，我肚子裏沒有弟弟，因為吃太多漢堡才肚子大大的。」多多說：「原來不是只有要生弟弟才會肚子大，吃太多漢堡也會肚子大！」依據皮亞傑理論，上述多多的思考，屬於下列何種歷程？　(A)轉移（Displaccment）　(B)順從（Compliance）　(C)補償（Compensation）　(D)適應（Adaptation）。

（C）22.有關蟯蟲的敘述，下列何者正確？　(A)又名血蟲　(B)為甚少見的血管寄生蟲疾病　(C)夜間有時爬出肛門口造成搔癢的感覺

(D)蟯蟲的成蟲具有細鉤，會鉤住小腸黏膜，而引起小腸黏膜潰瘍。

（ D ）23.嬰幼兒的乳齒有多少顆？　(A)26　(B)24　(C)22　(D)20。

（ B ）24.有關我國托兒所現況的敘述，下列何者正確？　(A)僅收托三至六歲的幼兒　(B)工作人員受「勞基法」的保障　(C)保育人員受「教師法」的保障　(D)不得辦理臨時托育。

（ B ）25.何種礦物質是構成人體血紅素的主要成分？　(A)碘　(B)鐵　(C)磷　(D)鈣。

（ D ）26.有關創造力的培養，下列敘述何者正確？　(A)鼓勵幼兒創新，不宜提供一般性知識的教學　(B)鼓勵收斂性思考　(C)科學活動不利於創造力的培養　(D)鼓勵建構性遊戲。

（ A ）27.孕婦懷孕前三個月患有何種疾病，會導致胎兒心臟缺損？　(A)德國麻疹　(B)糖尿病　(C)B型肝炎　(D)急性腸胃炎。

（ C ）28.人體內的生殖細胞有多少染色體（Chromosomes）？　(A)23個　(B)26個　(C)23對　(D)46對。

（ B ）29.人類基因（Gene）是由下列何者所組成？　(A)DPG　(B)DNA　(C)RAM　(D)ROM。

（ C ）30.胎兒的神經系統是由何種胚層分化而來？　(A)內胚層　(B)中胚層　(C)外胚層　(D)大胚層。

（ C ）31.有關遺傳、環境、成熟、學習對個體發展的影響，下列敘述何者正確？　(A)智力發展受環境因素影響較遺傳因素大　(B)創造力發展受遺傳因素影響較環境因素大　(C)嬰兒基本情緒發展受成熟因素影響較學習因素大　(D)嬰兒生理動作發展受學習因素影響較成熟因素大。

（ B ）32.下列等量的營養素中，何者所提供的熱量最多？　(A)蛋白質　(B)脂肪　(C)醣類　(D)礦物質。

（ B ）33.依據佛洛伊德（Freud）理論，當個體遭遇挫折時，常採用下列何種行為反應方式以免受焦慮之苦？　(A)利社會行為　(B)心理防衛　(C)依戀行為　(D)循環反應。

（ D ）34.某教育學者提出「幼兒沒有吃早餐，影響學習動機」之呼籲，下

列何種理論觀點最符合此一呼籲？　(A)皮亞傑（Piaget）認知發展論　(B)佛洛伊德（Freud）心理分析論　(C)班度拉（Bandura）社會學習理論　(D)馬斯洛（Maslow）需求層級論。

（ A ）35.依據湯姆斯與契司（Thomas & Chess）的氣質論，下列何者可以說明幼兒喜歡嘗試各種新奇食品的行為特徵？　(A)趨性強　(B)反應閾低　(C)堅持度高　(D)反應強度強。

（ C ）36.有關艾瑞克遜（Erikson）的理論觀點，下列何者正確？　(A)將人類之認知發展分為八個階段　(B)發展階段之衝突未解決，會導致病理性的後果　(C)每個發展階段有其特定之發展任務　(D)發展的基本動力是性本能的驅動。

（ B ）37.幼兒反抗行為對於下列何種階段的發展有不可忽視的重要性？　(A)信任與不信任　(B)自主與懷疑　(C)自動自發與內疚　(D)勤奮與自卑。

（ D ）38.一位民國八十五年二月三日出生之兒童，在今年三月三日時接受智力測驗，測得心理年齡為七歲又十一個月，其智商（Intelligence　Quotient）是多少？　(A)77　(B)111　(C)117　(D)130。

（ C ）39.有關「水痘」的敘述，下列何者正確？　(A)一歲以內之嬰兒為高危險群　(B)發病後即不具傳染力　(C)為濾過性病毒的傳染病　(D)一種慢性傳染病。

（ B ）40.媽媽問：「小強，你的這片土司麵包要切成兩塊還是四塊？」小強：「切成兩塊就好了，切成四塊我會吃不完。」下列何者最能說明小強之思考特質？　(A)物體恆存概念　(B)缺乏保留概念　(C)直接推理　(D)遞移推理。

（ B ）41.幼兒害怕家門前的大樹，晚上會變成怪物來抓他，是下列何種認知發展階段的特徵？　(A)感覺動作期　(B)運思準備期　(C)具體運思期　(D)形式運思期。

（ D ）42.三至六歲幼兒的人格發展屬於下列何種性心理發展階段？　(A)口腔期　(B)肛門期　(C)兩性期　(D)性器期。

（ D ）43.幼兒攻擊行為之輔導方式，下列敘述何者正確？　(A)要求幼兒壓

抑情緒　(B)以體罰方式來禁止幼兒攻擊　(C)鼓勵幼兒參與爭奪玩具遊戲，發洩挫折情緒　(D)鼓勵幼兒參與體能活動，發洩過剩體力。

（ D ）44.個體身心特質發展速率的差異，是指下列何種發展原則？　(A)連續性　(B)個別性　(C)方向性　(D)不平衡性。

（ B ）45.保母每次看到狗就立刻走避，並對幼兒說「狗狗，怕怕。」後來幼兒看見狗也有害怕反應，此種現象稱為下列何種？　(A)刺激類化　(B)模仿學習　(C)直接經驗　(D)想像。

（ D ）46.幼兒的繪畫表現方式易受他人影響而形成「概念畫」，是屬於下列何種繪畫發展階段？　(A)塗鴉期　(B)象徵期　(C)前圖式期　(D)圖式期。

（ D ）47.幼兒甲：「我會閉氣兩分鐘。」幼兒乙：「我會閉氣二十分鐘。」幼兒甲：「才怪，你現在閉氣給我看。」幼兒乙：「我現在要練習打水，沒辦法閉氣給你看。」依此情況，下列何者最不適宜作為幼兒乙內心狀況的推論？　(A)說白謊（White lie）　(B)創造力的表現　(C)說大話吹牛　(D)膽怯。

（ C ）48.依據華萊斯（Wallas）創造性思考論點，思考歷程的階段順序為下列何者？　(A)頓悟→潛意識思考→分析經驗與問題→驗證與修正　(B)分析經驗與問題→驗證與修正→頓悟→潛意識思考　(C)分析經驗與問題→潛意識思考→頓悟→驗證與修正　(D)潛意識思考→頓悟→分析經驗與問題→驗證與修正。

（ A ）49.依據斯登（Stern）的語言發展階段，下列幼兒看見狗的語言反應，何者為正確的發展順序？　(A)「汪汪」→「汪汪走」→「我怕狗狗」→「狗狗為什麼愛啃骨頭？」　(B)「汪汪」→「汪汪走」→「狗狗為什麼愛啃骨頭？」→「我怕狗狗」　(C)「汪汪」→「我怕狗狗」→「汪汪走」→「狗狗為什麼愛啃骨頭？」　(D)「汪汪走」→「汪汪」→「狗狗為什麼愛啃骨頭？」→「我怕狗狗」。

（ A ）50.正常嬰兒出生後，能依靠雙拳抓握，懸起身體，是屬於下列何種反射動作？　(A)達爾文反射（Darwinian reflex）　(B)摩羅反射

（Moro reflex） (C)巴賓斯基反射（Babinski reflex） (D)游泳反射（Swimming reflex）。

九十一學年度技術校院二年制統一入學測驗試題

（ D ）1.托兒所提供的托育服務是屬於哪一類服務？ (A)替代性服務 (B)支持性服務 (C)救濟性服務 (D)補充性服務。

（ A ）2.小明在戶外活動時，有皮膚乾燥、泛紅、頭痛、噁心、體升溫高、呼吸快而弱的現象。小明可能是甚麼問題？ (A)中暑 (B)熱衰竭 (C)壞血病 (D)貧血。

（ C ）3.依據行政院衛生署的建議，以下哪一項是一般嬰兒添加副食品的適當時間？ (A)菠菜泥最適合成為嬰兒第一個添加的副食品 (B)為嬰兒添加第一項副食品最適合的時間為嬰兒二個月大時 (C)十個月大時可以開始添加蛋白 (D)添加水果泥宜從四個月大時開始。

（ A ）4.下列哪一種食物組合能達到蛋白質互補作用，提昇蛋白質的營養價值？ (A)牛奶麥片粥 (B)檸檬愛玉冰 (C)燒餅油條 (D)桂圓紅棗茶。

（ D ）5.下列有關營養素的來源敘述，哪一項不正確？ (A)牛奶可提供豐富的維生素B2 (B)木瓜可提供豐富的維生素A (C)番石榴可提供豐富的維生素C (D)胚芽米可提供豐富的維生素B12。

（ A ）6.嬰兒喝奶後，吐出像豆花一般的物質，主要是因為哪一種酵素對牛奶中酪蛋白的作用？ (A)胃凝乳酵素 (B)胰凝乳酵素 (C)小腸凝乳酵素 (D)肝凝乳酵素。

（ D ）7.五歲幼兒帶小動物到托兒所與其他幼兒分享時，以幼兒安全的觀點而言，哪一項是適當的做法？ (A)烏龜屬於安全動物，放出與幼兒一起玩 (B)讓幼兒觸摸擁抱動物，以減少對動物的畏懼 (C)幼兒自家的寵物是安全的，可放出與其他幼兒一起玩 (D)小鳥是某些人類傳染病帶原著，不適合放出來與幼童玩。

（ A ）8.嬰幼兒缺乏甲狀腺素會導致下列哪一種問題？ (A)呆小症 (B)紫斑症 (C)苯酮尿症 (D)蠶豆症。

（B）9.有關嬰幼兒熱性痙攣（febrile convulsion）敘述，下列何者正確？ (A)常見於初生一個月嬰兒發燒所引起的肌肉痙攣症狀　(B)發作時常伴隨全身性抽筋　(C)是一種致死率高的嬰兒急症　(D)大部分是遺傳性基因異常所引起。

（A）10.當發現幼兒有癲癇發作時，下列何者是適合的處理方式？　(A)應注意頭部傷害　(B)俯臥，臉部朝下可有效防止嘔吐物倒吸入肺部　(C)癲癇發作時立即以湯匙掀開緊閉的牙關以暢通呼吸　(D)發作後立即給予少許飲料補充體力。

（C）11.根據中華民國八十九年衛生統計資料顯示，一至四歲兒童死亡原因第一位是什麼？　(A)肺炎　(B)惡性腫瘤　(C)事故傷害　(D)先天性畸形。

（D）12.下列有關兒童弱視的敘述，哪一項不正確？　(A)患者常有複視的現象　(B)越早治療效果越好　(C)戴眼罩是治療的一種方法　(D)視網膜不平衡所造成。

（B）13.下列哪一種情形，胎兒最可能產生溶血現象？　(A)孕婦血型為Rh陽性，配偶為Rh陰性　(B)孕婦血型為Rh陰性，配偶為Rh陽性　(C)孕婦與配偶血型均為Rh陰性　(D)孕婦與配偶血型均為Rh陽性。

（C）14.產前檢查中，羊膜穿刺術適當的施行時間為懷孕的哪個時期？ (A)5週至6週　(B)9週至10週　(C)15週至16週　(D)29週至30週。

（B）15.對一般出生第一個月的嬰兒而言，下列哪一項是正常的生理特徵？　(A)脈搏平均60～80次／分　(B)呼吸平均30～50次／分 (C)血色素11公克／100c.c.　(D)舒張壓80～90mmHg。

（C）16.下列哪一項是有關腦性麻痺的正確敘述？　(A)又稱為唐氏症 (B)大部分是遺傳基因異常引起　(C)是一種神經肌肉失調的病症 (D)患者都有智力嚴重受損的現象。

（A）17.父母雙方皆為地中海性貧血帶原者，每次懷孕其胎兒會完全正常（沒有帶原，也不是患者）的機率有多少？　(A)25％　(B)50％ (C)75％　(D)100％。

（B）18.小雅早上到托兒所上學時身體一切正常，午睡醒來突然發燒，保

附　錄　◇ 139

育員適宜的處理方式爲何？ (A)通知家長並到藥店買退燒藥給小雅服用 (B)通知家長並餵食稀釋的果汁 (C)通知家長並以冷水浸泡身體 (D)通知家長並增加保暖衣物使幼兒多流汗。

（ D ）19.爲預防幼兒近視，看電視時應該注意什麼？ (A)保持與電視畫面寬度6倍的距離 (B)夜間看電視不要開燈，避免刺眼 (C)每看二小時電視休息20分鐘 (D)電視畫面高度比兩眼平視略低15度。

（ A ）20.下列有關血液運送氧氣及二氧化碳的敘述，哪一項正確？ (A)肺動脈攜帶二氧化碳，大靜脈攜帶二氧化碳 (B)主動脈攜帶氧氣，肺靜脈攜帶二氧化碳 (C)肺動脈攜帶氧氣，肺靜脈攜帶二氧化碳 (D)主動脈攜帶氧氣，肺靜脈攜帶氧氣。

（ C ）21.六歲以下幼兒有哪一種症狀時最可能是自閉症？ (A)愛哭 (B)常常要求被抱著 (C)喜歡重複同一動作模式 (D)進行的活動受到干擾時常以暴怒動作抗議。

（ B ）22.四歲幼童小咪將土司和豆腐歸於同一類，他認爲土司和豆腐的共同屬性爲白色，這顯示小咪的智力發展上具有哪一種特徵？ (A)質量保留概念 (B)注意力局部集中 (C)自我中心思考 (D)思考具可逆性。

（ B ）23.團體活動時，小明不遵守保育員規定之規則，並且到處捉弄同學，保育員提示規定內容無效時，保育員最適宜的處置爲何？ (A)告訴他「再捉弄同學，就沒有點心」 (B)請她暫停活動，並告訴他「請學習遵守規定」 (C)不理他 (D)請家長帶回家。

（ D ）24.王老師挑選三位幼兒，觀察記錄每位幼兒30鐘，詳細記錄情緒行爲的表現及伴隨產生的身體與社會行爲，最後比較三位幼兒情緒表達的範圍、強度及引起情緒的原因。請問王老師所用的觀察記錄法是什麼？ (A)時間取樣法 (B)次數統計法 (C)日記法 (D)採樣記錄法。

（ D ）25.目前全國幼托整合是由哪兩個部會共同協商？ (A)教育部與衛生署 (B)總統府與教育部 (C)衛生署與內政部 (D)教育部與內政部。

（ B ）26.小英吃糖果時，含在舌頭的哪一部位對甜味感受最強烈？　(A)舌頭邊緣　(B)舌尖　(C)舌根　(D)舌頭中間。

（ C ）27.社工員發現小英（四歲）遭受父母親的虐待，要求托兒所王老師提供資料以便了解虐待期間相關問題，但老師因怕麻煩而拒絕合作。依照我國現行兒童福利法規定，兒童福利主管機關對於這類配合不當事件應如何處理？　(A)無法硬性規定王老師提供資料　(B)通知王老師接受親職教育講座四小時　(C)對老師處予罰鍰，若老師仍不提供資料，可繼續施予處分直到提供資料　(D)對老師處予罰鍰，若老師願意接受處分，卻堅拒提供資料，主管機關沒其他辦法。

（ B ）28.依據我國現行兒童福利法規定，以下哪一項是正確的？　(A)發展遲緩之特殊兒童是指需接受早期療育之未滿八歲之特殊兒童　(B)七歲以上兒童被收養時，應尊重兒童的意願　(C)兒童福利法適用對象為十八歲以下兒童　(D)十二歲以下幼兒不可獨處於家中。

（ C ）29.五歲幼童阿娟遭父親打成重傷，有生命危險，依據我國現行兒童福利法規定，當地社會局於90年5月1日上午十點緊急安置阿娟，最多可安置到何時？　(A)90年5月4日上午十點　(B)90年8月4日上午十點　(C)90年11月4日上午十點　(D)90年8月1日上午十點。

（ B ）30.依據我國兩性平等法的規定，多少人以上的機構需為員工設置托育場所？　(A)50人　(B)250人　(C)350人　(D)450人。

（ C ）31.與幼兒溝通時，以下哪一項是不適當的溝通技巧？　(A)澄清　(B)尊重　(C)命令　(D)傾聽。

（ B ）32.以下哪一項是最適當的「同理心」技巧？　(A)盡量多提問題　(B)表達自己對於對方的感覺與了解　(C)替對方將陳述的內容分析出問題的癥結　(D)替對方將陳述的問題提出解決方案。

（ D ）33.在一般情況下，下列何者不適合成為語文區進行之活動？　(A)翻閱書報　(B)演手偶戲　(C)聽故事錄音帶　(D)樂器演奏。

（ A ）34.根據我國幼稚園課程標準，有關水、火、電的安全教育屬於下列

哪一領域？　(A)健康　(B)工作　(C)社會　(D)自然。

（D）35.關於兩歲幼兒「數」概念的學習，下列何者不適當？　(A)應使用教具或實物　(B)幼兒會數數，並不表示已瞭解數和數量的關係　(C)幼兒會認數字，並不表示已瞭解數量的意義　(D)教導幼兒「數」概念時，應由「0」開始。

（A）36.下列有關安排幼兒參觀或郊遊活動的原則，何者不適當？　(A)同行照顧幼兒的成人，應以教師與保育員為限　(B)事前應先與幼兒討論相關事宜　(C)教師應事先察看目的地　(D)應向校方報備。

（B）37.下列有關美勞區空間設計的敘述，哪一項不適合？　(A)美勞區設置地點應靠近水臺或洗手間，以利清洗　(B)為避免幼兒浪費，不宜提供多種紙質或工具　(C)地面以利於清理之塑膠地板為佳　(D)提供寬廣的操作桌面。

（A）38.有關積木區的設計，下列敘述何者最適當？　(A)在教室內，遠離通道，以免妨礙其他幼兒通行　(B)採封閉式設計，以免干擾其他角落　(C)為了避免整理上的困難，最好不提供幼兒較大之積木　(D)不要提供配件，以免幼兒在本區產生扮演遊戲，而與扮演區功能混淆。

（D）39.下列何者不適合做為四歲幼兒自然科學活動？　(A)記錄動物長大的過程　(B)在校園內栽種植物　(C)製造吹泡泡的材料　(D)酸鹼融合的實驗。

（C）40.教師正與幼兒進行光和影的團體討論，下列哪一敘述屬於開放式的問題？　(A)有沒有看過影子？　(B)黑暗中有影子嗎？　(C)你看過哪種影子？　(D)現在教室內有沒有光線？

（B）41.下列關於幼兒玩沙的注意事項，何者不適當？　(A)幼兒手上有傷口時，最好不要玩沙　(B)沙坑最好遠離洗手檯，以免幼兒弄濕沙坑　(C)教師須經常查看沙質是否乾淨　(D)須和幼兒討論玩沙的安全事項，再行開放。

（D）42.為了培養幼兒的同理心，下列做法何者不適宜？　(A)透過角色扮演的方式，促進幼兒角色取替的能力　(B)喚起幼兒類似經驗的

記憶，回想自己當時的感受　(C)說一個故事，仔細敘述故事中角色在不同情境下的感受　(D)讓幼兒經驗燙傷的歷程，協助幼兒了解燙傷之疼痛感覺。

（ C ）43.下列有關優良戶外遊戲場的要件之敘述，以教育的觀點而言，何者不適當？　(A)具不同程度的挑戰性　(B)可提供多樣化的經驗　(C)遊戲器具零星分佈於遊戲場　(D)可促進各種不同的遊戲型態。

（ D ）44.當幼兒指著正在滾動的球說「球」，照顧者應如何回應較能增進幼兒的語言發展？　(A)對　(B)對，球　(C)一顆球　(D)是啊，一顆球滾過來了。

（ A ）45.教師在教室中無意間發現一段幼兒之間有趣的對話，便隨手記了下來。此種記錄法稱為什麼？　(A)軼事記錄法　(B)事件記錄法　(C)採樣記錄法　(D)檢核表法。

（ A ）46.以一個幼兒感興趣的主題為中心延伸出許多與主題相關的子題，並形成一非線性的網絡圖，這種設計方法通常被稱為什麼？　(A)主題網課程設計　(B)五指教學活動設計　(C)情意課程設計　(D)認知課程設計。

（ B ）47.王老師在做觀察記錄時，記下了實際上未曾出現的行為或語言，王老師犯了何種錯誤？　(A)遺漏的錯誤　(B)權限的錯誤　(C)控制的錯誤　(D)傳達的錯誤。

（ C ）48.王老師使用時間取樣法觀察幼兒甲50次之後，發現幼兒甲共出現目標行為20次。根據次數統計法，請問幼兒甲目標行為的出現頻率為多少？　(A)10%　(B)20%　(C)40%　(D)50%。

（ C ）49.兩個觀察員的觀察結果一致，或在不同時空情境下觀察結果一樣，表示此種觀察方法具有哪一種性質？　(A)效度　(B)精細度　(C)信度　(D)敏感度。

（ A ）50.王教授為研究幼兒間的攻擊行為，進入愛愛托兒所觀察，幼兒因為察覺自己正處於被觀察的情境，因此造成影響改變行為。此時的觀察記錄最容易產生以下哪一種問題？　(A)霍桑效應　(B)月暈現象　(C)逾越權限　(D)自我中心現象。

九十學年度技術校院四年制與專科學校二年制統一入學測驗試題

（ C ）1.依據民國八十四年頒布的「兒童福利專業人員資格要點」，高中
（職）學校幼兒保育科畢業生至托兒所可擔任下列何種職務？
(A)教師　(B)社工人員　(C)助理保育人員　(D)保育人員。

（ D ）2.研究者針對一群年齡相同的幼兒，自其進入托兒所至國中畢業期
間，間歇地、重複地進行生長發展的觀察，這是屬於下列哪一種
研究法？　(A)個案研究法　(B)橫斷研究法　(C)測量研究法　(D)
縱貫研究法。

（ C ）3.下列有關福祿貝爾（Froebel）與蒙特梭利（Montessori）教育學說
的敘述，何者最適宜？　(A)福祿貝爾創造「兒童之家」，蒙特梭
利創設「幼稚園」　(B)蒙特梭利是福祿貝爾的精神導師　(C)兩
位教育學家均強調，幼兒需要實物的操作以幫助正常化的發展
(D)教學上福祿貝爾重視幼兒單獨的「工作」；蒙特梭利重視團體
的「遊戲」。

（ B ）4.下列有關我國幼兒保育發展的現況敘述，何者最適宜？　(A)自民
國八十七年起，托兒所、幼稚園均歸屬內政部兒童局管轄　(B)目
前幼兒教保機構，仍以私立機構為多　(C)依據托兒所設置相關法
規的規定，托兒所僅收托3～6歲幼兒　(D)就讀公立托兒所的幼兒
得申請幼兒教育券。

（ B ）5.若幼兒經常發生毀壞玩具的行為，下列哪一種成人的反應，最能
呼應盧梭所倡導的「消極教育」？　(A)不計較幼兒的行為，立刻
再為其買更多的玩具　(B)暫不買玩具，讓其感受無玩具可玩的結
果　(C)懲罰幼兒後，立刻再買玩具　(D)口頭責罵後，永不買玩
具。

（ A ）6.下列有關幼兒教育先哲的主張，何者正確？　(A)柯門紐斯（John
Amos Comenius）主張泛智論　(B)盧梭（Jean Jacques Rousseau）

主張認知發展論　(C)皮亞傑（Jean Piaget）主張平民教育　(D)杜威（John Dewey）主張自然的懲罰。

（ C ）7.任何人剝奪或妨礙兒童接受國民教育之機會或非法移送兒童至國外就學，即違反我國政府所頒布的哪一種法令？　(A)「兒童保護法」　(B)「家庭暴力防制法」　(C)「兒童福利法」　(D)「衛生保健法」。

（ B ）8.下列哪一位教育家主張「教育即經驗之改造」？　(A)皮亞傑（Jean Piaget）　(B)杜威（John Dewey）　(C)艾力克遜（Erik Erikson）　(D)佛洛伊德（Sigmund Freud）。

（ A ）9.為幼兒挑選玩具時，宜優先考慮哪三種原則？　(A)安全、幼兒發展需要、幼兒的興趣　(B)挑戰性、認知學習、幼兒的興趣　(C)遊戲性、挑戰性、幼兒的興趣　(D)遊戲性、幼兒發展需要、幼兒的成就感。

（ B ）10.下列有關我國教保政策發展的現況，何者有誤？　(A)鼓勵私人興辦及公設民營　(B)普設公立嬰幼兒教保機構　(C)發放幼兒教育券　(D)研議幼托整合的可行性。

（ A ）11.下列有關英國幼兒教保概況的敘述，何者正確？　(A)幼兒學校（infant school）招收五歲至七歲的幼兒　(B)幼兒教育與保育機構均歸屬教育部管轄　(C)英國是世界各國中最晚推展幼兒教育與保育的國家　(D)中學畢業生即可擔任幼兒學校的教師。

（ A ）12.下列有關各國幼兒教保發展的趨勢，何者有誤？　(A)降低教保人員的素質　(B)提高教保人員的待遇與福利　(C)重視幼兒教育的重要性　(D)趨向普及化。

（ A ）13.婚前健康檢查，以預防不良遺傳，這是「五善政策」中的哪一項政策？　(A)善種政策　(B)善生政策　(C)善養政策　(D)善保政策。

（ C ）14.下列有關人類「發展」的敘述，何者正確？　(A)發展的特性是在跳躍歷程中呈現階段現象　(B)個體的發展會呈現個別差異性，無發展模式的相似性　(C)個體身心的發展順序為模糊籠統化→分化→統整化　(D)發展僅指個體身高、體重的改變。

（ B ）15.個體在出生前的胎芽時（Germinal Stage）、有關胚囊（Embryonic Disk）分化的敘述，下列何者正確？ (A)骨骼和肌肉由內胚層（Endoderm）分化而成 (B)感覺器官由外胚層（Ectoderm）分化而成 (C)消化系統由中胚層（Mesoderm）分化而成 (D)排泄系統由內胚層（Endoderm）分化而成。

（ B ）16.當精細胞與卵細胞受精的瞬間，決定了下列何種情況？①遺傳的特質②性別③胎兒的數目④社會地位⑤學習的成效⑥人際關係 (A)①③④ (B)①②③ (C)④⑤⑥ (D)①②⑤。

（ B ）17.下列有關同卵雙胞胎的敘述，何者正確？ (A)兩個卵子分別與兩個精子受精，形成兩個個體 (B)兩個胎兒具有相同的染色體與基因 (C)兩個胎兒只能各自生長於兩個胎囊中 (D)兩個胎兒一定分別有自己的胎盤。

（ D ）18.依據心理學家湯姆斯與契司〔Thomas & Chess〕的氣質論，下列何種氣質項目評估的結果，可以說明幼兒的嗅覺特別靈敏？ (A)反應強度高 (B)反應強度低 (C)反應閾高 (D)反應閾低。

（ A ）19.兩歲的小名畫完圖畫後，說：「這是陳阿姨。」陳阿姨說：「這哪裡是我，一團亂七八糟，真是亂畫。」小名的繪畫發展分期可能屬於下列何者？ (A)象徵期 (B)前圖式期 (C)圖式期 (D)寫實期。

（ B ）20.下列何者可表示人類骨骼由軟骨，逐漸吸收鈣、磷及其他礦物質而變硬的過程？ (A)鈣化 (B)骨化 (C)磷化 (D)硬化。

（ C ）21.下列何者表示個體在適應環境時，所表現與生俱來的情緒性與社會性的獨特行為模式？ (A)價值觀 (B)動機 (C)氣質 (D)興趣。

（ B ）22.下列有關幼兒概念的發展，何者正確？ (A)由抽象而具體 (B)具有情感色彩 (C)由一般到特殊 (D)已形成的概念容易改變。

（ A ）23.下列有關挫折容忍力的敘述，何者最適宜？ (A)引導幼兒適度的使用防衛機制，可增進挫折容忍力 (B)挫折容忍力是與生俱來，無法學習的 (C)挫折容忍力低的人較能忍受重大打擊 (D)使用防衛機制，可以解決所有的問題。

附錄
歷屆試
題精解

（ C ）24.下列有關創造力與智力關係的敘述，何者最適宜？　(A)智力與創造力是兩種相同的能力　(B)創造力特高者，必具有特高的智力　(C)智力受遺傳因素的影響較大，故可變性較小　(D)創造力的發展受環境因素的影響較大，故可變性較小。

（ A ）25.依據博登（Parten）的論點，三個幼兒在娃娃家，交談超人如何救火，此遊戲類型可能屬於下列何者？　(A)聯合遊戲　(B)功能遊戲　(C)規則遊戲　(D)平行遊戲。

（ B ）26.依據佛洛伊德（Freud）的觀點，小傑與家人到台中旅遊，曾遭到壞人恐嚇，事後一直不記得曾經去過台中旅遊這件事情，這種情形最可能為下列何種心理防衛方式？　(A)退化作用　(B)壓抑作用　(C)遺忘作用　(D)反向作用。

（ D ）27.幼兒所畫的超級市場圖畫中，各類蔬菜、肉品、顧客衣著，均描繪細膩，該幼兒可能具有較佳的下列何種創造力特質？　(A)獨創性　(B)流暢性　(C)變通性　(D)精進性。

（ C ）28.下列有關幼兒情緒的發展，何者有誤？　(A)情緒是與生俱來的　(B)情緒是幼兒的一種溝通方式　(C)情緒與認知發展無關　(D)大部分的恐懼來自學習經驗。

（ B ）29.下列何種方式，對於幼兒發展數學邏輯概念最有助益？　(A)練習數字符號的運算　(B)練習分發點心給同組幼兒　(C)教師示範數字運算方法　(D)背誦心算口訣。

（ D ）30.依據皮亞傑（Piaget）理論，幼兒以物品的大小，來辨識物品的輕重，而容易打破東西，這可能是受限於下列何種認知能力？　(A)類化　(B)缺乏物體恆存概念　(C)泛靈觀　(D)注意集中。

（ A ）31.下列有關幼兒繪畫發展的輔導，何者有誤？　(A)應該常以「畫得真像」的話語，回應幼兒的圖畫作品　(B)幼兒的繪畫表達經驗有益於語言能力發展　(C)擴充生活經驗有益於幼兒繪畫發展　(D)提供幼兒多元畫材有益於幼兒繪畫發展。

（ B ）32.幼兒有「床下會有怪物來抓他」的憂慮，大約是從下列何種認知發展分期開始？　(A)感覺動作期　(B)運思準備期　(C)具體運思期　(D)形式運思期。

附錄
歷屆試
題精解

（ C ）33.依據艾瑞克遜（Erikson）的理論，幼兒希望以幫助媽媽做家事，來獲得媽媽的肯定，該幼兒最可能處於下列何種社會發展任務分期？　(A)信任對不信任　(B)自主對懷疑　(C)自動對內疚　(D)勤奮對自卑。

（ B ）34.下列何者為幼兒語言的發展順序？①常說「為什麼」的問句②會以行動回應「眼睛在哪裡」的問句③會使用「你、我、他」的代名詞④叫狗為「汪汪」　(A)①②③④　(B)②④③①　(C)①③②④　(D)②③④①。

（ C ）35.下列有關語言發展的敘述，何者正確？　(A)男童的語言發展優於女童　(B)語言發展不受智力高低的影響　(C)哭是嬰兒最初的發音練習　(D)幼兒的雙語學習，有助於第一母語的學習。

（ B ）36.下列哪一種器官，屬於排泄系統？　(A)大腸　(B)腎臟　(C)肝(D)膽。

（ C ）37.下列食物，何者比較適合做為幼兒點心？　(A)沙其馬　(B)炸薯條　(C)雞蛋布丁　(D)蝦味仙。

（ D ）38.為顧及幼兒腸胃的健康，下列何種烹調方法最適宜？　(A)煎(B)炭烤　(C)炸　(D)蒸。

（ A ）39.下列何種食物，最有益於預防維生素A的缺乏？　(A)豬肝　(B)高麗菜　(C)海帶　(D)蛤蜊。

（ B ）40.下列有關幼兒視力的保健，何者最適宜？　(A)書本與眼睛距離保持至少40公分以上　(B)平時應多吃牛奶、瘦肉、蛋、深色蔬菜(C)電視畫面高度應比眼睛高十五度　(D)看電視時，周圍環境越暗越好，以避免眼睛疲勞。

（ C ）41.日本腦炎主要以下列何種方式傳染？　(A)糞便　(B)口沫　(C)三斑家蚊　(D)皮膚傳染。

（ D ）42.下列有關幼兒牙齒保健，何者最適宜？　(A)齲齒的乳牙，越早拔掉越好，可促進恆齒的萌出　(B)盡量少吃富含纖維的食物，以免塞牙縫　(C)每一年應進行一次定期檢查　(D)生病時應保持口腔內清潔。

（ A ）43.若有一位幼兒缺乏戶外活動，較容易導致下列哪些症狀？①肥胖

②偏食③食慾不振④維生素Ｄ缺乏症　(A)①③④　(B)②③④
(C)①②　(D)②④。

（Ｂ）44.下列有關幼兒意外傷害的處理，何者正確？　(A)遇食入性中毒狀
　　　況，應立即催吐　(B)流鼻血時，頭應向前傾，並放鬆頭、胸部
　　　位之衣物　(C)皮膚燙傷起水泡，應立即弄破，以加速復原　(D)
　　　扭傷後，應立即熱敷按摩，以消腫。

（Ｃ）45.托兒所廚房媽媽，若手上有傷口未包紮，較容易導致下列何種細
　　　菌的食物中毒？　(A)沙門桿菌　(B)腸炎弧菌　(C)金黃葡萄球菌
　　　(D)肉毒桿菌。

（Ｄ）46.下列何者為魚刺或細骨箝在幼兒喉嚨內時，最適宜的處理方式？
　　　(A)喝醋　(B)吞飯　(C)催吐　(D)就醫。

（Ｂ）47.下列食品中，何者為「鈣」最好的來源？　(A)四季豆　(B)小魚
　　　乾　(C)豆漿　(D)柳丁。

（Ｃ）48.下列何種維生素，最適合加速傷口癒合及骨折復原？　(A)維生素
　　　Ａ　(B)維生素Ｂ　(C)維生素Ｃ　(D)維生素Ｄ。

（Ｂ）49.依據馬斯洛（Maslow）的觀點，提供幼兒固定作息及秩序的環
　　　境，最能夠滿足下列何種需求？　(A)生理　(B)安全　(C)愛和隸
　　　屬　(D)自我實現。

（Ｄ）50.幼兒患有「角膜炎」時，下列何種處理方式最適宜？　(A)以冷水
　　　沖洗眼睛，避免病毒擴散　(B)用眼罩蓋住眼睛　(C)無需就醫，
　　　可自然痊癒　(D)以溫水擦拭，去除分泌物。

89年四技二專幼保類專業科目（一）試題

（ D ）1.對於幼兒「發展」一詞的意義，下列敘述何者正確？　(A)發展的
　　　　速度是連續且一致的　(B)發展受環境影響而不受學習的影響
　　　　(C)發展是由特殊反應到一般反應　(D)發展具有共同規律，但也
　　　　存有個別差異。

（ C ）2.下列關於雙生子的敘述何者正確？　(A)雙生子的基因一定相同
　　　　(B)異卵雙生子性別一定差異　(C)同卵雙生子性別一定相同　(D)
　　　　同卵雙生子有各自的胎盤和臍帶。

（ B ）3.下列關於身體發展的敘述，何者正確？①新生兒的腦重量增長速
　　　　度先快後慢②心臟重量佔體重的比例逐漸下降③骨骼中礦物質所
　　　　佔的比例逐漸增加④骨化始於胎兒期終於青春期　(A)①②④
　　　　(B)①②③　(C)②③④　(D)①③④。

（ A ）4.下列哪一種因素最可能導致兒童體重過輕或早產？　(A)孕婦吸
　　　　煙、喝酒　(B)孕婦受放射線的影響　(C)孕婦感染德國麻疹　(D)
　　　　孕婦年齡太大。

（ D ）5.下列關於嬰幼兒動作發展的敘述，何者正確？　(A)新生兒所有的
　　　　反射動作都會持續到1歲以後才會消失　(B)動作發展的順序是
　　　　爬、坐、站、走　(C)由局部的特殊活動發展到整體的全身活動
　　　　(D)具有個別差異，也有性別差異。

（ B ）6.下列有關嬰兒依戀發展的敘述，何者正確？①依戀是企圖與其照
　　　　顧者保持親密的身體接觸與情感依賴②嬰兒對人有選擇反應的階
　　　　段始於3個月大③心理學家將依戀分為迴避、安全、順從三種依戀
　　　　④安全的依戀有助於兒童建立對周圍人的信任感　(A)①②③
　　　　(B)①②④　(C)①③④　(D)①②③④。

（ B ）7.關於影響幼兒語言發展的因素，下列何者正確？　(A)幼兒開始說
　　　　話時間的早晚和智力無關　(B)語言上的性別差異，在幼兒期較顯
　　　　著　(C)語句的結構隨年齡的增長而更加簡單完整　(D)親子關係

不會影響幼兒語言的發展。

（ B ）8.有關幼兒語言發展的敘述，下列何者正確？①幼兒以「媽媽抱」
來表達整句話的意思是電報語言期的表現②把狗稱做「汪汪」是
單字句時期的特徵③代名詞的使用先於名詞④喜歡發問是複句期
的特徵　(A)①②③　(B)①②④　(C)①③④　(D)①②③④。

（ A ）9.運用預備期的兒童，在認知上的特徵是　(A)憑直覺思考、推理
(B)具有可逆性思考能力　(C)脫離自我中心的語言方式　(D)物體
恆存概念開始發展。

（ B ）10.若一個剛滿5歲的小孩，側得其心理年齡為4歲6個月，則其智商
是多少？　(A)85　(B)90　(C)110　(D)115。

（ B ）11.在創造力發展的特性中，能在短時間表達出許多觀念或構想是指
(A)敏覺性　(B)流暢性　(C)變通性　(D)獨創性。

（ A ）12.幼兒遊戲有：①聯合遊戲②規則遊戲③練習遊戲④平行遊戲⑤旁
觀遊戲，依其發展的順序應為　(A)③⑤④①②　(B)③④⑤②①
(C)③⑤②④①　(D)③②⑤④①。

（ A ）13.父母或教師輔導幼兒遊戲方法，下列何者錯誤？　(A)應隨時指導
幼兒正確的玩法　(B)和幼兒打成一片，一起遊戲　(C)鼓勵幼兒
多與同伴遊戲　(D)遊戲需適合幼兒的能力，以維持幼兒對遊戲
的興趣。

（ C ）14.艾力克森認為3～6歲時，是哪一種人格特質發展的關鍵期？　(A)
信任與不信任　(B)自主與羞恥　(C)主動與內疚　(D)勤奮與自
卑。

（ C ）15.甲童沒有將玩具歸位而被老師指責時，卻說乙童也沒有把玩具歸
位，此種反應屬於下列何者防衛機轉？　(A)反向作用　(B)代替
作用　(C)合理化作用　(D)投射作用。

（ B ）16.有關皮亞傑和柯爾堡對道德發展的論點，下列敘述何者錯誤？①
兩人皆認為人類在同樣的年齡達到相同的道德水準②兩人皆認為
文化會影響個人的道德發展③兩人皆認為認知發展的水準會影響
道德發展④兩人皆認為道德發展事先由他律而後自律　(A)①③
(B)①②　(C)②④　(D)②③。

（　A　）17.下列關於幼兒保育研究法的敘述，何者錯誤？　(A)「日記描述法」可對幼兒的行為做詳細紀錄並量化　(B)「個案研究法」是彙集各種研究法的方法　(C)「橫斷」研究法可在短時間內蒐集不同年齡的發展資料　(D)「實驗法」是在控制的情境下，來觀察依變項的變化。

（　D　）18.下列敘述何者正確？　(A)柯門紐斯畢生致力於教育貧困而被譽為「孤兒之父」　(B)裴斯塔洛齊著有《大教育學》一書，強調實物教學　(C)杜威的教育思想重視感官教育，並主張採用自我教育與個別化教育方式，以適應兒童的個別差異　(D)福祿貝爾特別重視幼兒遊戲與玩具。

（　D　）19.容易在夏季流行的小兒傳染性疾病為：①腸炎②玫瑰疹③日本腦炎④小兒麻痺　(A)①③　(B)②③　(C)①④　(D)③④。

（　B　）20.下列關於新生兒的生理發展特徵，何者有誤？　(A)肺活量小，呼吸快而急促　(B)血壓高，心跳快　(C)骨骼內所含膠質較多，易彎曲變形　(D)腸的蠕動慢，消化力弱。

（　B　）21.下列有關各國幼兒保育概況的敘述，何者錯誤？　(A)英國對5歲幼兒的教育列為義務教育　(B)美國在60年代推展的「提前開始方案」，主要是針對資優兒童的教育過程　(C)我國在清朝末期設立的蒙養院，其保育教材的編寫多承襲日本　(D)日本管轄保育所的行政機關，在中央為厚生省。

（　D　）22.下列關於幼兒保育的內容，何者正確？①點心的供應時間最好距正餐時間1小時②以固定食量的方式較能讓幼兒吸收足夠的營養③每天最好有上、下午各一次的戶外活動時間④用餐時讓幼兒自己拿餐具盛取，可訓練幼兒手眼協調及平衡能力　(A)①③　(B)②③　(C)①④　(D)③④。

（　C　）23.下列對嬰幼兒消化系統發展的敘述，何者正確？　(A)初生兒的胃近乎圓形且位置呈垂直狀　(B)初生兒的胃容量小、消化慢，宜採用少量少餐的進食方式　(C)嬰兒出現吐奶現象是因賁門、幽門未發育完全　(D)2歲左右開始有流涎現象。

（　D　）24.有助紅血球的形成，防止惡性貧血發生的維生素是　(A)維生素

B2 (B)維生素B6 (C)維生素C (D)葉酸。

（ D ）25.根據中央健保局編制的《兒童健康手冊》，正常嬰兒在滿1歲時，
應已完成哪些疫苗的初次接種？①日本腦炎疫苗②德國麻疹疫苗
③白喉百日咳破傷風混合疫苗④小兒麻痺口服疫苗 (A)①③
(B)①④ (C)②③ (D)③④。

（ A ）26.下列有關幼兒園所實施幼兒健康觀察的敘述，何者錯誤？ (A)應
利用每天早晨入園到升旗前的時段 (B)教師本身應以身作則，
表現良好的健康習慣 (C)利用家庭訪視，瞭解幼兒居家衛生習
慣 (D)有助於對幼兒異常狀況的早期發現。

（ A ）27.下列關於幼兒意外事件的處理，何者錯誤？ (A)處理閉合性創
傷，不宜用冷敷，以免腫脹擴大 (B)處理灼燙傷最有效的方法
是以冷水輕沖洗傷處 (C)處理開放性骨折須先控制出血並固定
傷肢 (D)處理幼兒鼻出血時，應讓幼兒頭部前傾並捏住鼻子用
口呼吸。

（ D ）28.下列對於過動兒的輔導，何者不適當？ (A)對他說話時音量放低
(B)請他做事時，不可同時交代幾件事 (C)做功課時，避免視聽
方面的刺激 (D)選擇活動量相近的兒童為伴。

（ D ）29.下列關於新生兒動作發展的敘述，何者正確？ (A)達爾文反射動
作又稱驚嚇反射動作，此一能力在出生2個月後左右消失 (B)行
走反射動作是扶助嬰兒腋下，使光腳碰觸平地，嬰兒會作出像是
良好走路的動作，這反射動作將於出生6個月後消失 (C)摩羅反
射又稱握抓反射作用，這些動作將於出生8個月後消失 (D)游泳
反射指將新生兒臉向下放於水中，他會自動閉會，作出良好的游
泳動作，這反射動作將於出生6個月後消失。

（ A ）30.下列關於情緒發展的描述，何者錯誤？ (A)嬰兒基本情緒如恐
懼、愉快、憤怒等表達多半是學習來的 (B)3個月大的嬰兒就會
有憤怒情緒，且年紀愈大，憤怒維持的時間愈長 (C)嫉妒是憤
怒、愛與恐懼的情緒結合，在18個月大時即發展出來 (D)認生
期的特徵是害羞，約在6個月至1歲左右出現。

（ A ）31.下列對於幼兒期的反抗行為描述，何者有誤？ (A)反抗期始於3

歲　(B)反抗的高峰是在3～6歲間　(C)多數正常的孩子都經歷過反抗期　(D)面對反抗期的孩子，父母應允孩子表達，並善用競賽方式來引導孩子。

（ D ）32.以下何者屬建構性遊戲？①騎木馬②玩積木③開玩具店④玩沙⑤玩黏土　(A)①③⑤　(B)②③④　(C)①②④　(D)②④⑤。

（ D ）33.培養孩子的創造力時，父母應　(A)在孩子活動時多給予指導　(B)重視結果勝於過程　(C)鼓勵孩子多背誦故事　(D)接納孩子新的嘗試。

（ A ）34.下列對於小便訓練的描述，何者錯誤？　(A)大便訓練比小便訓練更困難　(B)小便訓練男孩比女孩進步的慢　(C)幼兒的膀胱能存尿2小時以上不尿濕尿片，就可以考慮開始訓練　(D)晚間應儘量避免喝大量的水。

（ C ）35.強調父母要能提供子女良好的行為規範，以潛移默化的方式，引導幼兒社會及道德發展，是哪一學派的論點？　(A)人文主義論　(B)精神分析論　(C)社會學習論　(D)行為學派。

（ B ）36.下列關於幼兒消化與吸收的敘述，何者正確？①維生素幾乎不受消化酵素的作用就能被吸收②水分多由大腸吸收，少量由胃吸收③礦物質多由胃吸收④維生素多由小腸吸收　(A)①②③　(B)①②④　(C)①③④　(D)②③④。

（ D ）37.針對某位行為偏差的幼兒，有系統地收集其生理、心理各種評估以及家庭環境與其成長史等資料，以進行診斷與輔導的方法是　(A)縱貫法　(B)橫斷法　(C)實驗法　(D)個案研究法。

（ C ）38.下列處理小兒肥胖症的方法，何者錯誤？　(A)飲食控制是最基本的減重方法　(B)運動必須是規律性的持之以恆　(C)對於超重過多的小孩必須採低熱量飲食　(D)預防小兒肥胖的方法首在訓練母親有正確的幼兒飲食觀念，並鼓勵母乳哺餵。

（ D ）39.下列關於幼兒乳齒發育的描述，何者正確？　(A)乳齒於出生前即開始發育　(B)乳齒約於出生後6～12個月開始長牙　(C)乳齒約在2.5～3歲時全部長好　(D)全部的乳齒共含門齒6顆，犬齒4顆及臼齒8顆。

（ A ）40.下列關於幼兒發音的描述，何者正確？①多數孩子成長過程發音會漸漸正確，無須特殊協助，然而到了6、7歲仍不能正確發音時，即需協助②發音不正確可能是孩子聽力有問題③發音不正確可能是發音肌肉發育遲緩④當孩子發音不正確時，老師與父母應常告訴他「再從頭說一次」，使孩子可以經常練習正確發音　(A)①②③　(B)①②④　(C)①③④　(D)①②③④。

（ C ）41.下列對兒童的燒燙傷與處理的敘述，何者正確？①第二度（級）燒燙傷，傷害表皮及真皮，會紅腫起水泡②水泡應用消毒過的針刺破，以利復原③急迫時可用牙膏塗抹傷處，以避免感染④15%體表面受到第二度（級）燙傷時，就有生命的危險　(A)①②③　(B)②③④　(C)①④　(D)②③。

（ B ）42.下列關於孩子破壞行為的描述，何者錯誤？　(A)挫折感是導致破壞行為的重要原因　(B)懲罰可以有效制止破壞行為再度發生　(C)惡意破壞以表示抗議是最難處理的　(D)要分析瞭解破壞行為發生的原因再作處理。

（ B ）43.行政院衛生署對於營養素建議的攝取量，下列何者正確？①4歲以下1300大卡②4～7歲男孩1700大卡③4～7歲女孩為1800大卡④熱量之攝取尚應考慮身高與體重因素　(A)①②③　(B)①②④　(C)①③④　(D)②③④。

（ C ）44.下列關於幼兒的保育原則，何者正確？①應於餐後15分鐘內刷牙②C.P.R.的基本順序是恢復呼吸、流通呼吸道及心肺外部壓迫③第三度（級）是最嚴重的，也是最疼痛的④燒燙傷的三B處理原則是停止繼續燒傷、維持呼吸、檢查傷勢　(A)①②③　(B)②③④　(C)①④　(D)②③。

（ D ）45.下列關於幼兒異物入耳的處理方法，何者錯誤？　(A)單腳頓跳　(B)滴油入耳，使異物隨油流出　(C)豆子入耳，可滴入酒精使豆子變小之後取出　(D)可以由母親用嘴吸出。

（ C ）46.下列關於幼兒生理發展特質的敘述，何者錯誤？　(A)出生至6個月大時，嬰兒生病的機會較小　(B)6歲前幼兒的發展是一生最快速的階段　(C)幼兒肌肉構造水份較多，約有55%為水份　(D)幼

兒血管粗，心臟小，心跳較快。

（ B ）47.下列對啓發式教學活動及其效果的描述，何者爲錯誤？　(A)能維持幼兒學習的動機　(B)在多人的團體教學中亦可發揮效果　(C)有助於學習遷移　(D)能學習到思考及解決問題的方法。

（ C ）48.下列對馬斯洛所提之「需求層次論」的描述，何者正確？　(A)需求層次愈高，普遍性愈大　(B)需求層次愈高，彈性愈小　(C)層次愈高，個別差異愈大　(D)是屬於精神分析學派的觀點。

（ D ）49.「兒童福利法」所規範之兒童年齡是　(A)3歲以下　(B)6歲以下　(C)9歲以下　(D)12歲以下。

（ B ）50.發現幼兒受虐時，應立即向主管機關報告，不得超過　(A)12小時　(B)24小時　(C)48小時　(D)72小時。

八十九學年度技術校院二年制聯合招生入學測驗試題

（ C ）1.保育員請幼兒在一排數字中，說出第四個數字是何者時，可了解下列哪些能力的發展？①數與量的對應②認識數詞③序數④量⑤唱數　(A)①②④　(B)①③⑤　(C)②③　(D)③⑤。

（ B ）2.下列活動中，何者不屬於寫前準備的練習？　(A)剪報　(B)接故事遊戲　(C)蓋名字印章　(D)視覺辨識遊戲。

（ C ）3.下列活動，何者主要並非促進幼兒社會能力的發展？　(A)玩扮家家　(B)學習照顧小動物　(C)圖形著色　(D)玩躲貓貓。

（ D ）4.下列有關西方重要幼教思想家的描述，何者有誤？　(A)杜威（Dewey）提倡「教育即生活」，主張學習的最好途徑來自兒童實驗操作與參與學習　(B)維高斯基（Vygotsky）提出「最佳發展區域」說，並強調遊戲對幼兒學習的重要性　(C)史基納（Skinner）認為兒童的行為可由外力塑造，教學設計常使用「編序教學」的方法　(D)皮亞傑（Piaget）倡導「知識建構論」，強調幼兒所處之社會文化情境對建構知識的影響。

（ A ）5.下列教保模式何者不是方案課程模式？　(A)多元智能中的光譜計畫（project spectrum）模式　(B)義大利雷吉歐（Reggio Emilia）教學模式　(C)萌發式課程（emergent curriculum）　(D)佳美幼稚園主題式教學。

（ D ）6.在教學活動中，與幼兒進行討論時，下列何者為開放式的問題？　(A)這裡有幾個水果呢？　(B)為什麼下雨不能出去玩？　(C)小明應不應該打小寶？　(D)你們覺得還有哪些方法？

（ D ）7.在特殊教育中，對身心障礙幼兒做適當的安置，且與無障礙幼兒緊密安置在一起的措施稱為：　(A)無障礙環境（barrier-free environment）　(B)早期介入服務（early intervention）　(C)跨機構服務（interdisciplinary services）　(D)最少限制環境（least restrictive environment）。

（ B ）8.下列活動中，哪些可以幫助幼兒遵守教室的常規？①告訴幼兒爲何設立此常規②讓幼兒知道不遵守常規的後果③常規的執行應一視同仁④對遵守常規的幼兒給予物質獎勵　(A)①②③　(B)①②③④　(C)①②④　(D)①②。

（ D ）9.下列有關托兒所作息安排的描述，何者錯誤？　(A)動態與靜態活動的安排，應儘量平衡　(B)點心時間最好距午餐時間兩小時左右　(C)每日活動結束前，最好有統整時間　(D)活動時間應有彈性，作息要經常變換。

（ C ）10.問幼兒一張紙有哪些玩法，他可以快速說出十幾種不同玩法，此爲其那一類創造力的表現？　(A)獨創性　(B)變通性　(C)流暢性　(D)精進性。

（ C ）11.下列對評量表的敘述，何者錯誤？　(A)常由評量者依自己的印象對幼兒行爲做主觀判斷　(B)評量者常不需要求特別訓練　(C)具有直接觀察法的精神　(D)所得資料是量化資料，易於分析整理。

（ A ）12.以下有關「丹佛發展測驗」（DDST）的敘述，何者正確？　(A)是一種篩檢測驗　(B)可評估嬰幼兒是否有先天性的異常　(C)測驗範圍包括粗動作、語言發展、社會性及智力發展　(D)適用於6個月到6歲嬰幼兒。

（ D ）13.下列有關幼兒想像遊戲發展的描述，何者錯誤？　(A)遊戲的主題是由熟悉的（如家庭）發展至較不常見的（如神話或卡通）　(B)當幼兒長大進入小學後，幼兒會漸漸減少外顯的想像遊戲　(C)當幼兒年齡愈大，他可以不藉任何玩物去進行想像的遊戲　(D)當幼兒糾正其他幼兒的扮演行爲時，如「你是小baby，不會自己走路」，表示尙未具備想像能力。

（ D ）14.有關學習環境中，教材玩具的設備應具「自理性」的描述，何者不符合？　(A)標示教具位置，可使幼兒取放方便　(B)可減少幼兒對成人指導的依賴　(C)較能促使幼兒主動學習　(D)可強化幼兒的創造力。

（ B ）15.老師若想知道，每當幼兒在積木角利用積木與配件建構動物園的

內容與過程，選擇哪一種觀察法較適當？　(A)日記法　(B)事件取樣法　(C)時間取樣法　(D)樣本描述法。

（ B ）16.下列對於規劃科學角的描述，何者錯誤？　(A)應提供易直接觀察與操作的環境　(B)應將操作程序與使用說明全部以文字清楚呈現　(C)一次深入探索一個科學現象比同時探討好幾個現象好　(D)宜近水源、光源與電源。

（ B ）17.下列玩具何者較不適合一歲以下的嬰兒？　(A)塑膠玩具書　(B)形狀分類筒　(C)觸覺遊戲毯　(D)手搖鈴。

（ B ）18.以下有關幼兒繪畫的描述，何者錯誤？　(A)可作為發洩情緒的工具　(B)六歲以前的作品多為無目的的創作　(C)繪畫是寫作的基礎　(D)內容可表現幼兒的心智發展狀態。

（ B ）19.有關托兒所內進行幼兒學習評量的描述，何者正確？　(A)宜用自編的評量表，因其信度、效度較高　(B)宜採多方式、多工具、多次觀察的評量方式　(C)應以教學結束後的評量為主要參考依據　(D)因幼兒注意力易分散，評量應盡量一次做完。

（ D ）20.幼兒遊戲場規則應注意的原則，下述何者有誤？　(A)把獨立遊具佈置在一起，可以增加幼兒遊戲時間的持續性　(B)增進遊具的結合性，可提高幼兒彼此間的社會互動　(C)遊具與素材愈有彈性，幼兒愈可以產生更多元的遊戲方式　(D)現代化遊戲（contemporary playgrounds）以促進幼兒大肌肉發展為單一目標。

（ C ）21.下列哪些策略較適合用於輔導幼兒之利社會行為？①成人常幫助他人讓幼兒耳濡目染②參觀公益活動③帶玩具到校做分享活動④不要對女孩過度保護⑤讓男孩做不必要的冒險　(A)②③④　(B)③④⑤　(C)①②③　(D)①③⑤。

（ A ）22.下列有關幼兒氣質的描述，何者正確？　(A)適應度是指幼兒面對新的人事物適應程度的難易度　(B)反應強度是指引起幼兒某種反應的刺激量　(C)活動量是指幼兒受外界干擾而改變原活動的程度　(D)注意力分散度指幼兒在全天的活動中所表現的節奏快慢與活動的多寡。

（A）23.有關保育員協助可能受虐幼兒的方式，何者為非？ (A)一發現幼兒可能遭受不當的對待時，就立刻報案 (B)平時多留意幼兒的行為及其生理外觀 (C)與幼兒及其家長建立良好關係，協助他們面對各種困境 (D)決定通報前，應告知家長。

（C）24.縣市政府兒童保護工作流程中，一經查明幼兒確實被虐待後，通常處遇的方案有哪些？①家庭維護方案②家族治療方案③家庭重整方案④永久安置方案 (A)①②③ (B)②③④ (C)①③④ (D)①②③④。

（A）25.有關進行教學時應注意之事項，何者為非？ (A)教學時應要自製教具教材，才能符合教學之需要 (B)教學內容要有適當的緩衝及彈性安排 (C)教學時要控制時間，掌握結束的時機 (D)說明應口語化，並使用幼兒可理解之字句。

（B）26.下列有關吸引幼兒注意力的原則，哪些是適當的？①活動時間不宜太長，小班幼兒可進行45～50分鐘②運用手指謠的活動，來吸引幼兒的注意力③平時與幼兒約定安靜的聲音訊號④玩個坐在位子上的小活動，例如請你跟我這樣做 (A)①②③ (B)②③④ (C)①③④ (D)①②③④。

（C）27.下列何者不是促進幼兒語言發展活動的項目？ (A)讓幼兒能引發話題 (B)知道文字的閱讀順序 (C)知道自己的性別 (D)使用形容詞及其相反詞。

（D）28.幼兒如果會自己拉拉鍊，這表示幼兒已經具備了哪些能力？①手指挾捏②了解如何使用物品③雙手協調④動作計畫⑤展現偏好用的手 (A)①③⑤ (B)②④⑤ (C)①②③⑤ (D)①②③④。

（D）29.保育員要改善教學與班級的經營，在時間的運用與策略中，下列何者為非？ (A)建立行事慣例與適當的規定讓幼兒遵守 (B)老師應於課前早點進入教室，做充分的教學準備 (C)善於掌握活動時間，並確實用於引導幼兒活動上 (D)應掌握時間，所以做活動轉換時，應加以催促。

（D）30.下列哪些有關幼兒行為徵兆的描述，可作為保育員懷疑幼兒是否智能障礙的參考？①對同年齡幼兒可輕易辨識的顏色或相似的物

品無法辨識②語言表達能力不錯③對人與環境缺乏反應④易怒、焦躁不安、不能接受挫折⑤協調性與平衡感不佳　(A)①②③④ (B)①②④⑤　(C)②③④⑤　(D)①③④⑤。

（ C ）31.下列對於輔導幼兒行為問題原則描述，何者不適當？　(A)幼兒行為問題的處理要有一致性　(B)幼兒正向行為要多鼓勵與強調 (C)幼兒所犯的錯應追究之前的過錯　(D)幼兒不當行為發怒生氣是無效的。

（ A ）32.當幼兒與同儕發生衝突時，老師可以協助幼兒的方式，何者為非？　(A)讓幼兒有問題自己解決，老師無須干涉輔導　(B)在團體討論時，示範解決商討的方法與態度　(C)老師針對幼兒的個人特質做適當的個別輔導　(D)鼓勵幼兒做理性思考評估解決問題的可行建議並執行之。

（ B ）33.托兒所設置辦法第二十條中規定，托兒所應向當地主管機關辦妥立案手續後始得收托兒童，其逾時多久不為立案之申請者，應勒令停業？　(A)三個月　(B)六個月　(C)九個月　(D)十二個月。

（ A ）34.下列有關各類幼兒行為問題的描述，何者正確？　(A)害羞、自卑是幼兒缺乏安全感常有的行為　(B)口吃是學習習慣不良常有的行為　(C)不服從、偷竊是常見的認知行為　(D)過度依賴是幼兒常有的反社會行為。

（ B ）35.下列關於玩具安全的描述，何者錯誤？　(A)三歲以下幼兒不應提供繩長超過30公分的玩具　(B)安全玩具標示是由經濟部商品檢驗局核發的　(C)上市玩具務必要有完整的商品標示　(D)騎乘玩具若手指可插入車輪間隙，則不安全。

（ A ）36.下列何者不是園所在規劃交通車接送幼兒時，需考慮的事項？ (A)園所應設計接送證，並註明接送注意事項　(B)乘車時間以不宜超過四十分鐘的路程為原則　(C)交通車平時應做日常保養，並定期安全檢查　(D)校內與車上應各備有乘車名單，並於開車前清點人數。

（ D ）37.有關父母輔導孩子看電視的描述，何者正確？　(A)讓孩子多看類似「魔法ABC」的節目，主要可使其社會情緒更穩定　(B)幼兒

幻想力很豐富，不需與孩子討論電視演出與眞實情境的不同
(C)透過電視的甜食廣告，孩子會自然分辨出什麼是有益的食物
(D)與孩子討論節目表，並用錄影機錄下適合他們觀看的節目。

（ C ）38.下列有關保育人員業務的敘述，何者爲非？　(A)所方應檢具身分
證影本、體檢證明、學歷證件向社會局（科）申請核備　(B)檢
附服務機關開立的服務經歷證明書，即可向社會局（科）申請服
務證明　(C)新進人員或離職人員都應在三日內由服務機構備
文，報請核備　(D)保育員若同一期間重複任職不同機構，該年
托兒機構教保經歷全不採計。

（ D ）39.下列有關親職教育講座的主題，哪一個適合於托兒所實施？　(A)
如何培養子女讀、寫、算　(B)如何輔導子女與異性交往　(C)如
何預防子女犯罪　(D)父母如何與子女說話。

（ D ）40.下列有關兒童常見的適應問題，何者爲非？　(A)女童作惡夢的情
形，多集中於七至十歲之間　(B)若父母忽視小孩，兒童可能會
有攻擊行爲　(C)兒童若有嚴重的憂鬱與焦慮，可能會有自殺意
圖　(D)過動兒童對於簡單的作業，可以很快的完成。

（ D ）41.保育員設計課程時，應考慮的項目，下列何者正確？　(A)坊間幼
教社所提供之整套系統化教材，是經過研究的，可以照單全用
(B)園所各有特色，應以達成園所教育目標爲完全之考量　(C)幼
兒各項發展都未臻成熟，故活動不宜多做變化　(D)應事先考慮
教學過程中及課程結束後，幼兒與教師的反應及表現。

（ B ）42.新生兒於阿巴嘉量表（Apgar scale）得六分，其所代表的意義爲
何？　(A)輕度呼吸窘迫　(B)中度呼吸窘迫　(C)重度呼吸窘迫
(D)沒有呼吸窘迫。

（ C ）43.嬰兒若缺乏必需脂肪酸，皮膚容易有何現象？　(A)嘴角破　(B)
角質化　(C)濕疹　(D)牛皮癬。

（ B ）44.下列關於牛奶濃度沖泡不當的描述，何者正確？　(A)太濃易便
祕；太稀易腹瀉；合宜濃度爲14％　(B)太濃易腹瀉；太稀易便
祕；合宜濃度爲14％　(C)太濃易便祕；太稀易腹瀉；合宜濃度
爲24％　(D)太濃易腹瀉；太稀易便祕；合宜濃度爲24％。

附錄
歷屆試
題精解

（ A ） 45.若考慮腎臟處理氮類廢棄物能力，嬰兒至少多大時才能食用肉類？　(A)6個月　(B)8個月　(C)10個月　(D)12個月。

（ D ） 46.矯正幼兒弱視應戴眼罩，下列哪一種配戴方式是正確的？　(A)先戴弱視眼，隔天戴正常眼　(B)配戴時，只戴弱視眼　(C)先戴正常眼，隔天戴弱視眼　(D)配戴時，只戴正常眼。

（ A ） 47.有關預防兒童近視的方法中，對「望遠凝視」的描述，何者正確？　(A)遠望前方6公尺之目標物，凝視3分鐘　(B)遠望前方6公尺之目標物，凝視6分鐘　(C)遠望前方3公尺之目標物，凝視3分鐘　(D)遠望前方3公尺之目標物，凝視6分鐘。

（ A ） 48.合適的桌椅高差是養成兒童正確坐姿的要件，下列描述何者最正確？　(A)桌椅高差約等於就座兒童座高的1/3　(B)桌椅高差約等於就座兒童小腿高度　(C)桌椅高差約等於就座兒童身高的1/3　(D)桌椅高差約等於就座兒童大腿高度。

（ D ） 49.就台灣地區兒童成長曲線圖而言，兒童低於同年齡平均身高多少百分位，即疑似身高生長遲緩兒童？　(A)第25個百分位　(B)第15個百分位　(C)第10個百分位　(D)第3個百分位。

（ C ） 50.近午餐時，安安與人相撞，其牙齒咬到內唇而淤血，此時合宜的處理為何？　(A)如常態般午餐　(B)休息一會再午餐　(C)先冰敷再午餐　(D)先熱敷再午餐。

（ A ） 51.保育員發現安安嘴唇內化膿，應擦拭哪一種藥水較合適？　(A)紫藥水　(B)黃藥水　(C)紅藥水　(D)橙藥水。

（ A ） 52.兒童割傷時，為他消毒傷口的方向應該如何？　(A)由內向外畫圓　(B)由外向內畫圓　(C)由左向右擦拭　(D)由右向左擦拭。

（ D ） 53.兒童有脈搏無呼吸時，應如何施行急救？　(A)以2：15的速度進行人工呼吸與心外按摩　(B)以每分鐘80次速度予心外按摩　(C)以1：5的速度進行人工呼吸與心外按摩　(D)以每分鐘20次速度予人工呼吸。

（ D ） 54.關於幼兒扁平足之描述，哪些正確？①兩歲以內的扁平足是為正常現象②扁平足是腳底脂肪較厚③避免讓扁平足兒童穿軟鞋④多讓扁平足兒童赤足行走粗糙不平的地面　(A)①②③　(B)②③④

附　錄　◇ 163

(C)①③④　(D)①②④。

（D）55.托兒所內的儲水容器，其直徑多少以上即應加蓋，以免幼兒跌落溺水？　(A)15公分　(B)20公分　(C)25公分　(D)30公分。

（B）56.為防幼兒自隙縫跌落，欄杆或鐵窗最少間隔多少公分應橫向補強？　(A)5公分　(B)10公分　(C)15公分　(D)20公分。

（A）57.關於「奶瓶齲齒」之描述，下列何者正確？①常發生於一歲半至三歲②睡前使用奶瓶喝奶③睡前使用奶瓶喝果汁④齲齒發生在第一大臼齒　(A)①②③　(B)②③④　(C)①③④　(D)①②③④。

（B）58.幼兒每天約需多少水分，才能維持一天的消耗量？　(A)1000cc　(B)1500cc　(C)2000cc　(D)2500cc。

（D）59.下列何者不是環境中，常見的有毒植物？　(A)黃金葛　(B)水仙　(C)聖誕紅　(D)小雛菊。

（B）60.如果石灰或水泥等粉末撒入兒童眼睛，應如何處理？　(A)馬上以流動清水，快速沖洗　(B)先拍掉臉上粉末，才可沖水　(C)閉上眼睛，讓淚水衝出異物　(D)應以溫水沖洗，並蒙眼休息。

九十學年度技術校院二年制統一入學測驗試題

（ A ）1.測量頭圍可觀察評估嬰幼兒腦組織發育情形，請評估頭圍約44公分的正常孩童之年齡爲何？　(A)六個月　(B)一歲　(C)一歲半 (D)兩歲。

（ A ）2.考量幼兒脊柱發育及支撐身體重量能力，普遍而言，幾個月之前不宜坐學步車？　(A)六個月　(B)八個月　(C)十個月　(D)十二個月。

（ C ）3.下列何者爲替嬰幼兒包裹尿布的正確方法？　(A)以兩指寬鬆爲宜，並應蓋過肚臍　(B)以兩指寬鬆爲宜，不應蓋過肚臍　(C)以一指寬鬆爲宜，不應蓋過肚臍　(D)以一指寬鬆爲宜，並應蓋過肚臍。

（ B ）4.依據民國八十八年衛生署統計，嬰幼兒期間最需要也最容易缺乏的礦物質爲何？　(A)鈣與鎂　(B)鈣與鐵　(C)鎂與鐵　(D)鈣與磷。

（ C ）5.新生兒餵食後應採取何種姿勢，以減輕反胃和腹脹？　(A)半坐臥並抬高頭部45度　(B)俯臥並抬高頭部45度　(C)右側臥並抬高頭部15度　(D)左側臥並抬高頭部15度。

（ A ）6.一歲以內的嬰兒不鼓勵餵食蜂蜜的主要原因爲何？　(A)蜂蜜含有肉毒桿菌孢子　(B)蜂蜜含有輪狀病毒孢子　(C)蜂蜜含有沙門氏桿菌　(D)蜂蜜含有志賀氏菌孢子。

（ A ）7.幼兒平躺著喝牛奶，除了容易嗆到之外，尚會產生何種生理問題？　(A)中耳炎　(B)支氣管炎　(C)咽喉炎　(D)扁桃腺炎。

（ A ）8.全脂牛奶含脂肪、膽固醇及維生素E，是寶寶大腦與神經發育所需成分。因此，幾歲以前不可餵食低脂或脫脂牛奶？　(A)二歲　(B)三歲　(C)四歲　(D)六歲。

（ D ）9.關於嬰兒排便之敘述，下列何者錯誤？　(A)喝母奶與喝牛奶的嬰兒相較，通常喝母奶者其排便的次數較多，糞便較軟　(B)嬰兒五

天排便一次，若硬度適中，排便沒有困難，不需以便秘方式處理 (C)嬰兒奶粉中鈣磷比例不平衡，高量的鈣排於糞便，將會造成便秘 (D)發展較快的嬰兒，在母體懷孕末期的胎兒階段，會在母體內解出胎便。

（ D ）10.下列描述，何者不是評估幼兒可以進行小便訓練的徵兆？ (A)手摸生殖器表示有尿意 (B)能平穩站立且自行穿脫褲子 (C)有尿意能夠短暫的憋尿 (D)能忍受濕尿布3～5分鐘以上。

（ A ）11.五歲的小群，因發燒嘴破而食慾不振，下列何者為最適合小群食用的點心？ (A)布丁果凍 (B)肉鬆稀飯 (C)新鮮鳳梨 (D)細小餅乾。

（ D ）12.小蓮在托兒所突然全身痙攣，此時保育員最合適的處理方法為何？ (A)撬開小蓮嘴巴，以免影響呼吸順暢 (B)防咬器塞嘴，以防止痙攣咬到舌頭 (C)按摩小蓮四肢，以緩和痙攣的四肢 (D)讓小蓮躺下，枕個軟的衣物在頭下。

（ A ）13.兒童於戶外活動時，不慎被蜜蜂螫傷，傷口應可以塗何種液體？ (A)肥皂水 (B)醋酸水 (C)檸檬水 (D)來舒水。

（ B ）14.托兒所於保存膳食樣品以供備查時，除覆以PE保鮮膜、標示日期，並應： (A)放至冰箱冷凍保存48小時 (B)放至冰箱冷藏保存48小時 (C)放至冰箱冷凍保存72小時 (D)放至冰箱冷藏保存72小時。

（ B ）15.有關我國全民健康保險為兒童提供免費的健康檢查，下列描述何者正確？ (A)三歲以下六次免費的健康檢查 (B)六歲以下六次免費的健康檢查 (C)三歲以下三次免費的健康檢查 (D)四歲以下六次免費的健康檢查。

（ C ）16.保育員發現兒童身上衣服著火時，最合適的緊急處理方式為何？ (A)以濕毛巾遮住口鼻，快速打開窗戶 (B)以滅火器，快速往兒童身上噴灑 (C)讓兒童儘速臥倒，並翻滾壓熄火焰 (D)防火勢擴大，應先通知消防單位。

（ D ）17.若兒童經誤食而中毒時，下列何種狀況可考慮催吐處理？ (A)嘴唇有灼傷痕跡 (B)呼吸有汽油異味 (C)昏迷不醒或痙攣 (D)誤

食不明藥物。

（ D ）18.中央主管全國兒童福利業務的是哪一個單位？ (A)社會司 (B)社會局 (C)教育部 (D)兒童局。

（ C ）19.內政部於民國九十年公佈的婦幼保護專線的電話號碼爲何？ (A)111 (B)112 (C)113 (D)114。

（ B ）20.下列哪一種理論模式認爲發生虐待行爲的主因爲父母親的人格不成熟？ (A)心理動力模式 (B)人格特質模式 (C)環境壓力模式 (D)心理疾病模式。

（ D ）21.若研究者要進行非參與性之兒童行爲觀察時，下列有關觀察員的敘述，何者最不適當？ (A)先瞭解在教室中可做與不可做的事 (B)觀察中儘量避免向老師詢問問題 (C)先徵詢家長與老師的同意 (D)站在高椅子上觀察避免引起幼兒注意。

（ A ）22.下列是一位研究者的記錄內容摘要，請問研究者是採取哪一種觀察記錄法？「2/22德今天上學顯得相當自信愉快，進班後先觀察同學再進入小組，他選擇美勞角與其他幼生一起塗鴉。2/24德與母親道別後坐下脫鞋，一直看著母親離去。今天進班動作較慢，直到實習教師請他進圖書角他才跟著老師進圖書角看書。2/25……」 (A)日記法 (B)時間取樣法 (C)軼事記錄法 (D)查核表。

（ A ）23.下列有關成人與兩歲幼兒分享圖書的敘述，何者最不適當？ (A)將看書視爲每天必做作業以養成習慣 (B)選擇題材需考量其年齡興趣與發展 (C)需接受幼兒「玩書」的行爲 (D)需有耐心讓幼兒充份表達他們的意見。

（ D ）24.下列有關培養幼兒「分享」行爲的描述，何者不正確？ (A)同理孩子想要擁有喜歡東西的心 (B)父母常常對幼兒表示慷慨的行爲 (C)不要動不動就罵幼兒自私小器 (D)家中有新生兒時，是要求幼兒分享的時機。

（ B ）25.下列有關輔導視覺障礙的幼兒遊戲的描述，何者不正確？ (A)需事先與幼兒討論玩具、器材、活動、及同儕等各種選擇方案 (B)扮演遊戲對於盲童而言相當容易 (C)成人應多提供可讓他們

把玩的眞實玩具如鑰匙、瓶罐　(D)盲童應學會通過觸摸和瞭解外觀來選擇玩具。

（ D ）26.民國八十七年公佈實施的臺灣省托兒所設置標準與設立辦法，規定托兒所應提供之服務有哪些？①充實兒童生活經驗②兒童健康管理③培養兒童合群習性④幼兒教保服務⑤親子活動、親職教育及家庭輔導⑥良好生活習性之養成⑦其他有益幼兒身心發展的服務　(A)①③④⑤⑦　(B)①②③⑥⑦　(C)①②④⑤⑦　(D)②④⑤⑥⑦。

（ D ）27.下列有關保育員與家長談話的描述，何者較適當？　(A)「小華在皮亞傑認知發展階段的任務中發展得很好。」　(B)「你的孩子小明跟林太太家的小華比起來，小明眞是畫得漂亮多了。」　(C)「小眞不是一個友善的孩子。」　(D)「小玲常常在教室的角落自己玩。」

（ C ）28.下列敘述，哪一個應用了溝通技巧中「我─訊息」的原則？　(A)「你敢這麼做的話，我就給你好看！」　(B)「你的舉動怎麼那麼沒有禮貌，難道我沒有教你嗎？」　(C)「你把十個大饅頭都吃光了，我很擔心你吃這麼多會肚子痛。」　(D)「我覺得你眞是一個壞孩子，我很擔心。」

（ C ）29.下列有關保育員與幼兒及其父母接觸的敘述，哪一個不適當？(A)家長與保育員第一次的交談，幼兒最好不要在現場　(B)保育員需向父母說明園所保育理念、常規以及父母權利和參與等訊息(C)開學第一天，保育員應讓家長與幼兒一起在教室一整天，不要介入　(D)家長可於開學前讓幼兒與老師有機會做簡短地見面與談話。

（ A ）30.下列有關高瞻幼兒教育課程（the highscope approach）中成人角色的敘述，何者錯誤？　(A)爲尊重幼兒，佈置教室的工作全都由幼兒做　(B)營造一個支持性的人際氣氛　(C)鼓勵幼兒學習的企圖心以及嘗試去解決問題的努力　(D)有計畫的爲孩子塑造學習經驗。

（ D ）31.下列有關幼兒小學可能面臨困擾的敘述，何者不正確？　(A)生活

步調及方式的改變　(B)必須解決課業壓力與困難　(C)必須建立新的人際關係　(D)對設備與環境具有熟悉感。

（ D ）32.下列哪一項活動主要目標不屬於音樂課程中「音的辨識」活動？　(A)敲打樂器，讓幼兒閉著眼睛聽，然後猜是哪一個樂器所發出的聲音　(B)讓幼兒隨高低音做相關的動作反應，高音一手舉高、低音一手放低　(C)裝一桶水丟入不同的材料如：石頭、沙或用樹枝打水等，說出有何不同　(D)依歌曲旋律的快慢輕重或學鐘擺的節奏，左右擺動身體。

（ D ）33.下列嬰幼兒飲食技能的表現，何者較早出現？　(A)用湯匙舀湯不會灑出來　(B)能用筷子夾菜　(C)能剝較軟的食物外皮　(D)以單手抓握小杯子喝水。

（ D ）34.將物品依照高矮加以排列，是屬於下列何種活動？　(A)配對　(B)分類　(C)比較　(D)序列。

（ C ）35.下列對幼兒進行扮演遊戲的描述，何者錯誤？　(A)促進幼兒保留概念的發展　(B)增進幼兒觀點取智的能力　(C)提高性別刻板化遊戲的表現　(D)協助幼兒發展減少自我中心（decentration）。

（ D ）36.下列體能活動中，何者最可瞭解幼兒「肌持久力」的發展？　(A)跳遠　(B)25公尺快跑　(C)五公尺往返跑　(D)懸吊單槓。

（ B ）37.下列幼兒數能力之表現，何者較早出現？　(A)依照平面幾何圖樣搭出立體造型　(B)了解今天、明天、昨天的意義　(C)區辨東西南北　(D)使用碼錶計時。

（ B ）38.對學前特殊幼兒進行早期療育的目的，何者為非？　(A)避免錯失早期學習關鍵期　(B)提高特殊資優兒的發現率　(C)減輕次障礙發生的機率　(D)減低未來教育成本。

（ A ）39.保育員面對教室內的過動兒，在課室的安排上，何者不宜？　(A)安排遠離保育員的座位，減少壓迫感　(B)教室裝設吸音地毯，減少噪音　(C)採取結構式教學法，降低分心　(D)在學習上給予較多緩衝時間。

（ C ）40.內政部為建構全方位的兒童照顧服務體系，所提出的「兒童照顧方案」措施，不包含下列何者？　(A)建立社區保母支持系統

(B)整合托兒與學前教育　(C)推動全方位兒童閱讀運動　(D)設置全國連線兒童保護通報系統。

（ D ）41.交通部於民國九十年新修正之「道路交通安全規則」中，對娃娃車之規格要求，何者爲非？　(A)幼童座椅應面向前方　(B)不可裝設行李架　(C)安全門應設有防止孩童誤啓裝置　(D)座椅空間每位寬度至少20公分。

（ B ）42.下列敘述何者不屬於多元智慧論（multiple intelligence）的觀點？(A)多數人具備完整的智慧光譜　(B)語文與數學智能是其中較重要的兩種智慧　(C)教師應在教學上創造智慧平等（intelligence fair）的環境　(D)雕塑家通常需具備良好的空間智慧與肢體——動覺智慧。

（ C ）43.在角落教室中，爲避免班級經營問題的產生，在教具設備的擺放方式上，下列何者合宜？　(A)封閉式陳列教具　(B)不透明容器盛裝材料　(C)活動式的角落櫃　(D)積木角設置於走道上。

（ B ）44.五歲的小美很容易因事而焦慮，下列輔導方式何者不宜？　(A)多鼓勵她表達感覺　(B)忽視其焦慮行爲　(C)降低其挫折感　(D)教導她放鬆技巧。

（ D ）45.園所內有關父母參與的型式中，下列何者參與的層次最高？　(A)親師會議　(B)家庭訪視　(C)義工父母　(D)父母參與決策。

（ D ）46.認爲「幼兒在與他人互動時，會比獨自一人時有更佳能力處理問題，特別是幼兒間的同儕學習」，是支持誰的學說？　(A)皮亞傑（Piaget）　(B)佛洛伊德（Freud）　(C)布魯姆（Bloom）　(D)維高斯基（Vygotsky）。

（ B ）47.下列對傳統遊戲場的描述，何者錯誤？　(A)通常不需太多保養　(B)設施多爲集中設置之鐵製器材　(C)常因其堅硬地面造成意外　(D)多鼓勵低層次遊戲如功能遊戲。

（ A ）48.就眼科觀點，幼兒每天接觸電腦的時間，何者正確？　(A)不超過60分鐘爲限，且每隔30分鐘就應休息一下　(B)不超過60分鐘爲限，且每隔45分鐘就應休息一下　(C)不超過90分鐘爲限，且每隔30分鐘就應休息一下　(D)不超過90分鐘爲限，且每隔45分鐘

就應休息一下。

（ D ）49.小清習慣以哭鬧方式來達到目的，父母因不耐其煩便會答應。一天，他故計重施，父母決定不予理會。多次經驗後，小清哭鬧行為逐漸消失。請問此為下列哪一種行為改變技術？　(A)正增強　(B)行為塑造　(C)代幣制　(D)消弱。

（ C ）50.下列有關全語言（whole language）教育觀的敘述，何者正確？　(A)學習語言應把注意力放在語言技巧本身　(B)全語言教學應使用特定材料　(C)對幼兒而言，語言必須是完整的，而且應與生活經驗相關　(D)保育員應以所謂的語言標準性或合宜性來要求幼兒。

89年二技幼保類專業科目（一）試題

（ D ）1.心理學類宗旨在研究個體如何受團體的影響，以及團體中個體間彼此如何互相影響的是下列何者？　(A)人格心理學　(B)變態心理學　(C)認知心理學　(D)社會心理學。

（ B ）2.對大多數右利手（right hand dominance）的人來說，與語言有關的功能是由大腦哪個半球支配？　(A)右半球　(B)左半球　(C)中半球　(D)側半球。

（ A ）3.如果我們給一個胼胝體被手術剪開的病人看一圖片，圖片出現在哪個視野時，病人能夠說出所看到的圖片內容為何？　(A)右視野　(B)左視野　(C)左右視野都可說出　(D)左右視野都說不出。

（ B ）4.腦內啡（endorphin）具有什麼功能？　(A)具有安慰的效果　(B)具有緩和疼痛的效果　(C)具有激發動機的效果　(D)具有改變細胞功能的效果。

（ C ）5.「習慣化」學習出現在哪種生物上？　(A)高等動物　(B)低等動物　(C)高、低等動物　(D)人類。

（ C ）6.有一個6個月大的嬰兒晚上不肯睡覺，一放進搖籃他就大哭，一直哭到被抱起來為止，不久他的父母就發現這個習慣非改掉不可，於是把嬰兒放進搖籃隨他去哭，但是父母無法做到充耳不聞（萬一他哭是因為生病怎麼辦），於是父母投降，再把他抱起來，這一來，這個行為就更難改掉了。以上這個過程是哪一種作用造成的？　(A)迴避學習　(B)關聯制約　(C)部分增強　(D)習得的無助感。

（ C ）7.在REM睡眠狀態期間，大腦皮質呈現哪種狀態？　(A)完全休息狀態　(B)部分催眠狀態　(C)活動狀態　(D)輕微麻醉狀態。

（ D ）8.半規管（circular canals）可以提供視覺的穩定性，這種功能與哪種感覺有關？　(A)聽覺　(B)味覺　(C)觸覺　(D)平衡感。

（ B ）9.在地平線看到的月亮，比起頭頂天空看到的月亮，前者顯得較

大，這是什麼原因造成的？ (A)光度恆常性 (B)錯覺 (C)魔宮模式 (D)選擇性的注意。

（ B ）10.在工具制約的過程中，依據效果律的原則，只要反應已經建立了，增強就會使他的力量加大，但是如果我們期望學習者學會的行為很難，學習者不會自動去做這些事情，我們也就無法給予增強，這種行為我們可以用哪種方式來訓練以達到使學習者學會的目的？ (A)變化增強 (B)行為塑造 (C)厭惡制約 (D)迴避學習。

（ D ）11.下列哪種測驗是無結構性的人格測驗？ (A)MMPI (B)CPI (C)16PF (D)TAT。

（ C ）12.對於心理學研究方法中「實驗法」的描述，下列何者正確？ (A)只能在實驗室內進行，方能獲得最有科學實驗精神的心理研究成果 (B)運用觀察法比實驗法更能精確控制變項 (C)實驗法透過有系統操弄控制與測量方式找出變項間關係 (D)透過相關研究法推測出來的因果關係，也可以透過實驗法取得相同的研究結果。

（ C ）13.關於心理學的感覺（sensation）和知覺（perception）的描述，何者正確？ (A)感覺是主觀的，知覺是客觀的 (B)感覺是依賴視覺，知覺是依賴聽覺 (C)感覺是在刺激感官接受器上發生的作用，知覺是依賴感覺訊息而產生 (D)感覺是感官對刺激的接受性，知覺是感官對刺激的生理反應。

（ D ）14.心理學家解釋我們為何要作夢時，有的學者認為「夢是人通往潛意識之路」，有的學者反駁說「夢只是睡眠時精神網路清除無關訊息所產生的無意義噪音」，最接近這兩種對立論點的是哪兩個學派的主張？ (A)精神分析學派和人本主義學派 (B)人本主義學派和行為學派 (C)行為學派和精神分析學派 (D)認知學派和精神分析學派。

（ B ）15.心理學所謂的「安慰劑」（placebo）又可稱為下列何者？ (A)抗鬱劑 (B)寬心劑 (C)止痛劑 (D)鎮定劑。

（ C ）16.考試當中一時想不出答案，交卷後才想起來的經驗是涉及記憶階

附錄 歷屆試
題精解

段的哪部分？　(A)編碼（encoding）　(B)儲存（storage）　(C)提取（retrieval）　(D)保留（reservation）。

（ C ）17.在心理治療時，有一種治療方法是要求病人去想像他所能想到最可怕的情況，例如一個怕狗的女人被要求去想像她被一群張牙舞爪的狗包圍著，這是什麼治療法？　(A)敏感遞減法　(B)嫌惡治療法　(C)內爆治療法　(D)行為契約法。

（ A ）18.因為人們在判斷別人行為時，常常會產生「基本歸因錯誤」（fundamental attribution error），所以我們較常對別人的行為做哪種歸因？　(A)人格歸因　(B)情境歸因　(C)自我歸因　(D)權威歸因。

（ A ）19.在解決問題的過程中，如果陷入某一個不正確的解決方法中時，此時解決的動機強弱與改變策略尋求別的解決方法有何種關係？　(A)動機越強，改變策略的彈性越少　(B)動機越強，改變策略的彈性越多　(C)動機越弱，改變策略的彈性越少　(D)動機強弱與改變策略的彈性無任何關係。

（ A ）20.當我們考慮好幾個不同的個案，看看能不能從這些特定的狀況中找出全體通用的法則，這個過程是下列哪種推理？　(A)歸納式推理　(B)演繹式推理　(C)常態性推理　(D)潛在性推理。

（ C ）21.對於擁擠感（crowding）與高密度人口的描述，下列何者正確？　(A)擁擠感與高人口密度都會使人感到壓力　(B)擁擠感與高人口密度都不會使人感到壓力　(C)擁擠感會使人感到壓力，但高人口密度不一定會使人感到壓力　(D)高人口密度會使人感到壓力，但擁擠感不一定會使人感到壓力。

（ A ）22.下列選項中，哪一項與認知心理研究主題的相關性最低？　(A)情緒　(B)語言　(C)記憶　(D)想像。

（ C ）23.一位球員初次穿某號球衣而得高分，之後也多次如此，他就相信某號球衣能帶給他好運，這種迷信行為是來自　(A)頓悟學習　(B)觀察學習　(C)制約學習　(D)類化學習。

（ A ）24.研究顯示A型性格的罹患心臟病的比率高於B型性格的人，A型性格的屬性為下列何者？　(A)求好心切　(B)隨和淡泊　(C)害怕

冒險　(D)生活悠哉。

（ C ）25.下列何者是傳統智力測驗中，最不重視的項目？　(A)語言能力
　　　　(B)邏輯能力　(C)適應能力　(D)空間能力。

（ B ）26.「在台灣，生長於日據時代的人，要讀到高中是件不容易的事：
　　　　那個時代的人對於高中生的定位與現在正在讀高中的學生有很大
　　　　的不同。」以上描述顯示，當研究者要對這兩組人進行研究時，
　　　　除了要考慮他們兩組之間在年齡上的差距外，還有哪一項變數是
　　　　必須考慮的？　(A)種族因素　(B)生活史常模（同群因素）　(C)
　　　　非常模人生事件　(D)生理因素。

（ C ）27.若以「階段性／連續性」及「量／質的改變」兩層面來區分成四
　　　　個向度，以下哪種發展理論是屬於「連續性且為量的改變」向
　　　　度？　(A)皮亞傑的認知理論　(B)佛洛依德的心理分析理論　(C)
　　　　班都拉的學習理論　(D)馬斯洛的人文觀理論。

（ C ）28.下列哪個答案能說明嬰兒與父母之間建立依附（attachment）關係
　　　　的情形？　(A)嬰兒只能與母親建立依附關係，且最好只與母親
　　　　建立依附關係　(B)嬰兒只能與父親建立依附關係，且最好只與
　　　　父親建立依附關係　(C)嬰兒與母親父親都能建立依附關係，且
　　　　最好與父母都建立依附關係　(D)嬰兒與母親及父親都能建立依
　　　　附關係，且最好只與母親建立依附關係。

（ A ）29.懷孕婦女吸食嗎啡、海洛因、可待因及古柯鹼已有毒癮，對胎兒
　　　　會造成何種影響？　(A)嬰兒出生後會有身心發展遲緩現象　(B)
　　　　嬰兒出生後不會有身心發展遲緩現象　(C)母親吸食嗎啡之嬰兒
　　　　有身心發展遲緩現象，但母親吸食古柯鹼之嬰兒不會有身心發展
　　　　遲緩現象　(D)母親吸食嗎啡之嬰兒不會有身心發展遲緩現象，
　　　　但母親吸食古柯鹼之嬰兒會有身心發展遲緩現象。

（ B ）30.當我們用手指或奶嘴碰觸新生兒的面頰時，他會轉動頭、嘴巴張
　　　　開、開始吸吮動作，請問這是哪種反射行為？　(A)達溫尼反射
　　　　(B)探索反射　(C)巴賓斯基反射　(D)摩洛反射。

（ B ）31.學習雙語（bilingualism）對幼兒的認知發展造成何種影響？　(A)
　　　　因幼兒母語種類不同而有不同影響　(B)無論幼兒母語為何種類

附　錄　◇ 175

都沒有影響 (C)無論幼兒母語爲何種類都受到負面影響 (D)無論幼兒母語爲何種類都受到正面影響。

（ D ）32.老師問小明：「當你要去商店買東西時，要你記住三樣東西，和記住十樣東西，你認爲哪一種較簡單？」小明回答：「記住三樣較簡單。」以上所陳述的是哪一種記憶概念？ (A)再認記憶（recognition memory） (B)回想記憶（recall memory） (C)策略記憶（strategic memory） (D)中間記憶（met memory）。

（ C ）33.嬰兒從何時起能辨別出母親的氣味？ (A)出生前 (B)出生後馬上可以 (C)出生後一個星期內 (D)出生後四個月左右慢慢形成。

（ B ）34.以下有關布列茲頓（Brazelton）新生兒行爲量表的敘述，何者不正確？ (A)是一種神經及行爲的測驗 (B)施測的時間約只要十分鐘 (C)用來測量新生兒對環境反應的方式 (D)測量內容包括互動行爲、動作行爲、生理控制、及對壓力的反應對四個向度。

（ A ）35.嬰兒猝死症多發生於何年齡？ (A)1歲以下 (B)1歲至2歲間 (C)2歲至3歲間 (D)3歲至4歲間。

（ A ）36.5歲的美美常常在幼稚園教室裡自言自語，這種行爲對她的思考有何種影響？ (A)可引導其行爲並幫助她思考 (B)會限制她行爲而減少思考的機會 (C)會牽制大腦使她思考停頓 (D)會使她爲了思考而增加攻擊行爲。

（ B ）37.嬰兒的依附行爲在何時表現的最明顯？ (A)心情愉快時 (B)害怕疲倦時 (C)吃飽睡足時 (D)感覺安全時。

（ B ）38.幼兒在生理、情感、認知及社會的發展過程都可能出現退化行爲（regression），這種現象是因何原因造成的？ (A)幼兒生理發展速率過快造成的不平衡現象 (B)幼兒面對威脅自主感的事件時，應付壓力的典型反應方式 (C)幼兒適應能力增加時所造成的失調現象 (D)幼兒發展過程中要邁向新的發展階段的過度現象。

（ D ）39.在幼兒繪畫能力的發展上，三種塗鴉畫是依何種順序逐步出現？ (A)控制塗鴉→命名塗鴉→隨意塗鴉 (B)命名塗鴉→控制塗鴉→

隨意塗鴉　(C)控制塗鴉→隨意塗鴉→命名塗鴉　(D)隨意塗鴉→控制塗鴉→命名塗鴉。

（ A ）40.皮亞傑曾藉著瞭解兒童對遊戲規則的看法，將道德發展分為三階段；請排列出此三階段的正確順序　(A)無規則意識階段→強迫的道德階段→合作的道德階段　(B)無規則意識階段→合作的道德階段→強迫的道德階段　(C)強迫道道德階段→合作的道德階段→無規則意識階段　(D)強迫的道德階段→無規則意識階段→合作的道德階段。

（ C ）41.以下有關史丹佛—比奈智力測驗（Stanford-Binet test of intelligence）的敘述，何者不正確？　(A)由比西測驗（Binet-simon test）修訂而來　(B)測驗內容包括對空間概念的瞭解　(C)適用於兒童期各個年齡層，包括嬰兒嬰　(D)其原來的目的是找出無法受教育的兒童。

（ B ）42.以下何者不是懷特（Burton White）所做「哈佛學前方案」研究中的主要發現？　(A)較少被限制在遊戲柵欄、小床、或小房間內的孩子發展較好　(B)撥放收音機或錄音帶在促進孩子語言上發展的效果，和大人們直接與孩子說話的效果一樣　(C)孩子需要有回應的大人的陪伴，但大人不斷的注意卻會使孩子無意發展探索技能　(D)全天候父母並不必要，重要的是指孩子相處的「質」。

（ B ）43.以下有關絨毛檢驗的敘述，何者不正確？　(A)即CVS　(B)其失敗與導致流失貽兒的危險性皆比羊膜穿刺低　(C)可在懷孕頭三個月內進行　(D)可用以檢驗胎兒性染色體異常。

（ A ）44.人類的大腦在何時發展最迅速？　(A)出生前和剛出生時　(B)出生後三個月時　(C)一歲大時　(D)青春期。

（ B ）45.有關角色取替能力的研究，可以分成三大類。「兒童能因對方是否玩過大富翁，來修正他解釋活動遊戲規則的方式」指的是以下哪一類角色取替能力？　(A)知覺性（perceptual）角色取替能力　(B)認知性（cognitive）角色取替能力　(C)空間性（spatial）角色取替能力　(D)情感性（affective）角色取替能力。

（ A ）46.出生一天的小嬰兒就會在睡眠中微笑，這是什麼原因造成的？(A)是一種自發行為，不是真正的社會交往形式　(B)因為吃飽了感到很愉快，覺得快樂而想笑　(C)生活環境安排妥適時，嬰兒對父母的反應方式　(D)是人類最早的社會化行為，有利於日後的人際溝通能力。

（ A ）47.如果一個孩子認為「為什麼我不喜歡聽打雷的聲音，還是會打雷呢？」這個孩子可能幾歲？　(A)3歲半　(B)6歲半　(C)9歲半　(D)11歲半。

（ C ）48.依據進化論的觀點，個體差異與物種的強盛有何關係？　(A)個體差異與物種的強盛無關　(B)個體差異不利於物種的強盛　(C)個體差異有助於物種的強盛　(D)個體差異與物種的強盛因文化不同而不同。

（ D ）49.曾經遭受社會剝奪的兒童日後會有何種發展？　(A)與其他兒童比較，無明顯差異　(B)因潛能激發，比其他兒童發展超前，且超前情形與兒童認知能力成正比　(C)終生發展落後，再也無法恢復正常或回到原來水準　(D)若是接受適當的治療過程，能恢復正常，且恢復程度與照顧者之社經水準及教育程度成正比。

（ B ）50.卓克倫（Bjorklund, D. F.，1985）在有關兒童記憶的研究中指出：學前及小學階段兒童在記憶表現上的進步應歸因於哪個原因？　(A)兒童愈來愈懂得使用記憶策略，會主動使用有意識的記憶策略　(B)兒童在做自由分類時，能有轉移標準的表現看出蘊涵的組織，體認組織效用　(C)兒童在做自由分類時，能有轉移標準的表現，此現象使兒童的階層類別架構穩定　(D)兒童在分類的過程中，項目間其它的屬性關係也很容易被引發，把注意力導向另一個方向。

88年二技幼保類專業科目（一）試題

（ A ）1.新生兒的反射行為維持多久後才消失？ (A)約一年左右 (B)約五年左右 (C)約十年左右 (D)約十五年左右。

（ A ）2.早產兒與懷孕足月但發展尚未成熟之新生兒比較，何者在嬰兒期死亡的危險性較高？ (A)早產兒 (B)足月未發展成熟兒 (C)兩者均無死亡危險性 (D)目前無法得知何者死亡危險性較高。

（ B ）3.湯瑪斯與卻斯（Thomas and Chess）經由長期的觀察與研究，歸納出孩子氣質的九個向度，有研究者發現其實這九個向度在某些狀況下並非完全彼此獨立，因而造成在使用此氣質量表時未能對孩子的氣質有充分的瞭解。其中的「注意力分散度」做可能與哪一個向度有很高的相關？ (A)規律性 (B)堅持度 (C)適應度 (D)趨避性。

（ C ）4.佛洛依德認為人天生的驅力使他在面對衝突而產生焦慮時，會不自覺地透過防衛機制來扭曲現實。若小莉很想向小萱借玩具來玩，卻說是小文想向小萱借玩具，應是屬於哪一種防衛機制？ (A)合理化 (B)昇華 (C)投射 (D)同理心。

（ A ）5.根據范茲（Fantz）等人所做有關嬰兒視覺偏好的研究，有關出生不到兩天嬰兒喜好的描述，何者正確？ (A)他們喜愛臉孔圖片勝過其他東西的圖片 (B)他們喜愛簡單圖形勝過複雜圖形 (C)他們喜愛熟悉的事物勝過新的事物 (D)他們喜歡平面物勝過立體物。

（ C ）6.下列哪種父母行為使孩子的反抗最少？ (A)親子發生衝突時，能即時懲罰以結束衝突 (B)對孩子不恰當行為能堅決打斷 (C)對孩子的節奏和喜惡能有彈性反應 (D)讓孩子瞭解父母的命令不待重述必須執行。

（ C ）7.使用學步車對嬰幼兒有何幫助？ (A)加速獨立行走 (B)較早學會爬行 (C)有較大的移動性 (D)較安全的活動範圍。

附　錄
歷屆試
題精解

（ C ）8.丹佛發展篩選測驗（DDST）是用來測量孩子的　(A)智商　(B)精神狀態　(C)發展成就　(D)心肺功能。

（ C ）9.兒童何時開始有自我認識（self-recognition）？　(A)十八天　(B)十八週　(C)十八個月　(D)十八歲。

（ C ）10.嬰兒在何時最常尋求母親的面部表情作為社會參考？　(A)憤怒時　(B)高興時　(C)迷惑時　(D)飢餓時。

（ D ）11.照顧者對於吃食時間不規律的孩子應如何安排餵食時間？　(A)設定一個固定時間表，讓孩子接受　(B)設定時間表，嚴格執行　(C)參考醫生指示再設定有規律的時間表　(D)依據孩子反應彈性調整時間表。

（ D ）12.依據哈羅（Harlow）的實驗，出生後就與母猴分開的小猴子，一組小猴有布製的母猴媽媽，另一組小猴有鐵線製的母猴媽媽，哪一組的小猴子長大後能發展正常？　(A)布媽媽的猴寶寶　(B)鐵線媽媽的猴寶寶　(C)兩組小猴子發展一樣正常　(D)兩組小猴子發展都不正常。

（ B ）13.柯爾堡所述道德判斷層次正確的發展順序為何？　(A)傳統的道德層次→道德前層次→自我接受的倫理道德原則層次　(B)道德前層次→傳統的道德層次→自我接受的倫理道德原則層次　(C)道德前層次→自我接受的倫理道德原則層次→傳統的道德層次　(D)自我接受的倫理道德原則層次→傳統的道德層次→道德前層次。

（ D ）14.為了幫助孩子消除性別角色刻板化的印象，下列哪種行動是不恰當的？　(A)讓孩子瞭解各種文化中的性別規範　(B)讓孩子瞭解個別差異超過兩歲差異　(C)讓孩子接觸各個社會中的性別角色　(D)讓孩子堅信自己的性別應遵守那種規範。

（ B ）15.下列哪種因素影響了孩子的利社會行為？　(A)家庭社經地位　(B)父母本身的表現與鼓勵　(C)父母是否為雙薪階段　(D)社會機構的經濟能力。

（ B ）16.在莫茲夫與波頓（Meltzoff & Borton, 1979）的實驗中，四週大的嬰兒即使並未看到自己先前所吸吮的奶嘴，他依然能在兩種不同

的奶嘴模型中（一爲平滑奶嘴，一爲有顆粒狀突起的奶嘴）以眼睛認出自己先前所吸過的奶嘴模型，亦即對此型的奶嘴有明顯的視覺偏好。此項實驗爲哪一種這個階段嬰兒所具備之能力提供了有力的證據　(A)認定擴散作用　(B)交叉模式的知覺調和　(C)反射作用　(D)視覺調和。

（ C ）17.假設有一個研究，讓一個月大的嬰兒聽不同的聲音，發現嬰兒會對他已熟悉的聲音不再有反應，但當一種新的聲音出現時，嬰兒會重新有反應出現（如：大力吸吮奶嘴）。以此方法來推論嬰兒有區別不同聲音的能力，所運用的是以下哪一種現象的存在？　(A)固著　(B)投射　(C)習慣化　(D)同化。

（ D ）18.假設有一項研究發現「母親的工作時數」與「父親與兒子一起玩的時數」這兩項變數間的相關係數爲－0.80，由這個數字來看，以下哪一點是較合理的推論？　(A)母親工作時數多少並不會對父親與兒子一起玩的時間多寡造成影響　(B)「母親的工作時數」與「父親與兒子一起玩的時數」這兩項變數間有因果關係，「母親的工作時數」是「因」，而「父親與兒子一起玩的時數」則是「果」　(C)這兩項變項有蠻高的相關性；母親工作時間愈長，父親和兒子一起玩的時間愈長　(D)這兩項變數有蠻高的相關性；母親工作時間愈長，父親與兒子一起玩的時間愈短。

（ B ）19.以下有關亞培格量表（Apgar scale）的敘述，何者不正確？　(A)是對初生嬰兒生理狀況所做的簡易測量　(B)此量表的最高總分爲十分；六到十分代表爲正常嬰兒，身體健康　(C)其名稱有兩層意義：一方面是量表製定者的名字，另一方面則是五個英文字母（A、P、G、A、R）各爲亞培格量表所評量之五個項目的第一個字母，如R代表對呼吸方面（respiration）的檢測　(D)此量表應該在嬰兒出生後一分鐘和五分鐘各測一次。

（ D ）20.根據薛弗與依默生（Schaffer & Emerson, 1964）對蘇格蘭嬰兒的實驗，嬰兒與照顧者間依附關係的建立需經過四個階段。嬰兒在十週大時，對陌生人表現出樂於親近的樣子，應是屬於哪一個階段？　(A)特殊依附關係階段　(B)多重依附關係階段　(C)無社會

性階段　(D)無區別性依附關係階段。

（　C　）21.在不同的兒童發展理論中，布朗芬布雷納（Urie Bronfenbrenner）以生態觀來研究發展，他提出了四種影響發展的心理系統，即「微系統」、「中系統」、「外系統」、與「大系統」。應用於布朗芬雷納的理論，父母所受的教育可能會影響他（她）們對孩子的教養方式，從而間接影響了孩子的發展；因此，父母所受的教育應是屬於哪一種心理系統？　(A)微系統　(B)中系統　(C)外系統　(D)大系統。

（　A　）22.在皮亞傑「液體守恆」（liquid conservation）的實驗中，有一位兒童認為兩杯水其實是一樣多，而他所持的理由是：「沒加、沒減，只是把水倒過去而已」；這位兒童所持的理由代表他所應用的是皮亞傑所說的哪一種心智運作能力？　(A)同一性　(B)可逆性　(C)分析性　(D)互補性。

（　D　）23.根據艾力克森的理論，以下有關學步期的敘述，何者是正確的？(A)相當於「主動與內疚」的危機階段　(B)相當於孩子三到六歲的階段　(C)大人們應給予孩子充分的自主權決定他要做什麼，而不是先告知孩子有哪些可能，才讓他從中選擇　(D)孩子的決定若常常帶來不好的狀況，易使他產生對自己的懷疑。

（　C　）24.就「催眠」這個現象而言，下列何者為真？　(A)所有人都能被催眠　(B)人類無法被催眠　(C)有些人能被催眠，有些人無法被催眠　(D)經過學習後人類才能被催眠。

（　B　）25.關於社會學習理論的基本主張，下列何者不適當？　(A)人的行為可藉由示範學習而形成　(B)強調環境在發展上所扮演的角色，不如遺傳來的重要　(C)人的行為可由行為結果而修正　(D)人類會儲存經由經驗或觀察所得之「情境—行為—行為結果」的訊息。

（　C　）26.一位國中生努力準備數學功課，卻老是考不好，多次挫敗經驗下，他不再相信自己可以學好數學，連他原本會做的考題出現在他的面前，他也不再嘗試去解題；這學生陷入的是　(A)創造學習的困境　(B)頓悟學習的困境　(C)學得的無助感困境　(D)潛在

學習的困境。

（B）27.成就動機高的人，易將考試考不好的理由歸因於　(A)自己能力不夠好　(B)自己努力不夠多　(C)自己運氣不夠好　(D)題目不夠簡單。

（D）28.對於測驗功能的描述，何者為真？　(A)性向測驗是測一個人所習得能力的表現　(B)成就測驗是測一個人未來能力的表現　(C)人格測驗是種成就測驗　(D)智力測驗是種性向測驗。

（D）29.對記憶的敘述，何者為真？　(A)記憶是種制約學習的過程，遺忘即消弱現象　(B)目擊證人的證詞堪慮，是因為其長期記憶無誤但短期記憶可能有誤　(C)人的長期記憶量有限，短期記憶量無限　(D)記憶量多寡的測量上，再認比回憶更敏銳。

（D）30.10歲的小明能作一般12歲小朋友才能作的智力測驗題目，則其智商為　(A)83　(B)100　(C)110　(D)120。

（A）31.崔克斯（Dreikurs）認為孩子若沒有得到自我價值的肯定，可能會出現四種不當行為策略，使父母感到困擾，假如小平感到媽媽比較不疼自己，在客人來時一再告訴媽媽他想尿尿，小平所採用的是哪一種行為策略？　(A)引起注意　(B)尋求權利　(C)尋求報復　(D)消極放棄。

（A）32.「一般適應症候群」（general adaptation syndrome）指的是人在面對壓力的普遍反應的型態有三階段，其順序為　(A)警戒反應—抗拒反應—耗竭反應　(B)抗拒反應—耗竭反應—警戒反應　(C)耗竭反應—警戒反應—抗拒反應　(D)警戒反應—耗竭反應—抗拒反應。

（A）33.請思考這個敘述「據我知道所有的人都會死，有些人也許比較健康長壽，但我沒有理由相信他們的生命異於其他人類，因此我最好相信這些長壽的人也會死」，請問上述推理過程是那種推理？　(A)歸納推理　(B)演繹推理　(C)假設推理　(D)基模推理。

（B）34.在桑代克（E. L. Thorndike）用貓逃離迷籠的實驗中，貓能逃出籠子主要是哪種學習？　(A)領悟學習（insight learning）　(B)試誤學習（trial and learning）　(C)迴避學習（avoidance and error

附錄　歷屆試題精解

learning） （D)隱內學習（latent learning）。

（ B ）35.依據情緒的「拮抗歷程理論」（opponent-process theory），若最初情緒為「甲情緒」，而拮抗歷程為「乙情緒」，下列何者為真？ (A)甲情緒的激發與消退比乙情緒慢 (B)乙情緒的激發與消退比甲情緒慢 (C)兩種情緒的激發與消退速度一樣 (D)兩種情緒都沒有激發與消退。

（ B ）36.在「橋樑實驗」中，兩組男學生都與具吸引力的女實驗者面談，但一組是站在堅固的水泥橋上，另一組是站在繩索與木頭編成的吊橋上，請問實驗後，哪一組的男學生打電話給女實驗者較多？ (A)水泥橋組 (B)吊橋組 (C)兩組都沒有打電話 (D)兩組打電話一樣多。

（ C ）37.下列何者是一種「事後反應」的防衛機制？ (A)退化（regression） (B)反應作用（reaction formation） (C)消解作用（undoing） (D)否定作用（negation）。

（ D ）38.後設認知（meta cognition）指涉的概念，與何者最少關聯？ (A)監控 (B)籌畫 (C)分析 (D)想念。

（ A ）39.主題統覺測驗（Thematic Apperception test, TAT）是使用下列哪種材料作為施測工具？ (A)有意義的圖片及照片 (B)無意義的墨跡圖片 (C)句子完成測驗 (D)有具體形狀的畫人拼圖。

（ B ）40.依據研究報告，在戰場上何者較可能得到創傷後壓力失調（post-traumatic stress disorder, PTSD）？ (A)受傷很嚴重的士兵較易得PTSD (B)未受傷的士兵較易得PTSD (C)受傷與未受傷都不會得到PTSD (D)認識PTSD者才會得病。

（ D ）41.下列何者在DSM-Ⅲ-R中已被除去了？ (A)抑鬱症 (B)人格分裂 (C)幽閉恐懼症 (D)同性戀。

（ C ）42.超級市場為吸引顧客上門，採取下面辦法「每購買一百元物品可得到印花一枚，十枚印花可換得茶杯一組」，請問這是哪種行為改變法？ (A)減敏感法 (B)內爆法 (C)代幣制度 (D)精熟模仿。

（ D ）43.刻板印象是如何產生的？ (A)我們多考慮到個別差異，因而不瞭

解整體　(B)我們較理性，以致無法產生「錯覺關聯」　(C)我們太不注意自己與所屬團體成員之相似性　(D)我們過度將團體成員特質推論為整個團體的屬性。

（ B ）44.下列何者是最受到從眾（conformity）現象的影響？　(A)被男朋友決定每件事情　(B)被多位同學嘲笑而決定減肥　(C)被老師嚴格要求下不敢應允同學作弊。

89年聯合甄選學科能力測驗

幼保類專業科目（一）試題

（ C ）1.有關異卵雙生子的敘述，下列何者正確？ (A)同一個受精卵分裂而成 (B)有相同的染色體和基因 (C)性別可能是同性，有可能是不同性 (D)一起共用一個胎盤和一條臍帶 (E)遺傳天賦完全相同。

（ B ）2.神經系統髓鞘的主要作用爲何？ (A)促進血液循環 (B)促進神經的迅速傳導 (C)加強抵抗力 (D)協助記憶 (E)幫助腦細胞發展。

（ B ）3.人體中最大的細胞爲何？ (A)精子 (B)卵子 (C)腦細胞 (D)肝細胞 (E)腎臟細胞。

（ E ）4.個體的發展是受下列何者的影響？ (A)遺傳的影響 (B)環境的影響 (C)教育的影響 (D)父母的影響 (E)遺傳和環境相互的影響。

（ B ）5.關於訓練幼兒大小便的敘述，下列何者正確？ (A)滿一歲就可以訓練 (B)當幼兒白天能維持至少2小時不尿溼時，即可訓練 (C)當幼兒白天能維持至少1小時不尿溼時，即可訓練 (D)一出生便可以訓練 (E)理論上是先訓練小便再訓練大便。

（ D ）6.在幼兒大肌肉的發展中，從成人拉著幼兒的手協助行走→抓住家具自己會站起來→自己會站起來→自己會走。這是屬於發展理論的何種性質？ (A)發展的相似性 (B)發展的個別差異性 (C)發展的正常性 (D)發展的連續性與階段性 (E)發展的不平衡性。

（ A ）7.銘銘向媽媽說：「媽媽，鞋，……媽媽，穿」。這是屬於何種句型？ (A)電報句 (B)複合句 (C)單字句 (D)複雜句 (E)完整句。

（ E ）8.當幼兒初次見到山貓，便稱呼山貓爲「Hello Kitty」。這是屬於何

種現象？　(A)學習模仿現象　(B)創造現象　(C)適應現象　(D)調適現象　(E)同化現象。

（ A ）9.媽媽告訴小寶：「不可以摸！燙燙！」，但小寶還是去摸。這是屬於何種認知發展期？　(A)感覺動作期　(B)運思期　(C)直覺期　(D)具體運思期　(E)形式運思期。

（ B ）10.六歲的小儒能答出平均七歲兒童能答的問題，他的心理年齡是幾歲？　(A)六歲　(B)七歲　(C)八歲　(D)九歲　(E)十歲。

（ D ）11.三歲的小華，看見媽媽在餵四個月大的弟弟喝奶，便吸吮指頭。這種退化行為是屬於情緒發展中的哪一種？　(A)恐懼　(B)愛　(C)憤怒　(D)嫉妒　(E)害羞。

（ B ）12.媽媽在身邊時，小毛會盡情的探索環境和玩耍；媽媽一離開，他便哭鬧；當媽媽回來後他又安心的玩。此為何種依戀？　(A)反抗性的依戀　(B)安全的依戀　(C)迴避的依戀　(D)無依戀　(E)依賴的依戀。

（ C ）13.數名幼兒一起玩耍，進行相同的活動，互相交談、模仿遊戲的方式，不過他們之間無任何組織或安排角色。此為何種遊戲？　(A)平行遊戲　(B)旁觀遊戲　(C)聯合遊戲　(D)合作遊戲　(E)獨自遊戲。

（ D ）14.有關「自我」的敘述，下列何者正確？　(A)對「本我」有監督的功能　(B)從「超我」發展而來　(C)為「理想性的我」　(D)受「現實原則」支配　(E)受「唯樂主義」支配。

（ A ）15.「自主對羞愧感與懷疑期」的幼兒，成人應該採何種態度對待？　(A)在安全考量的範圍內，鼓勵幼兒獨立自主　(B)是發生意外災害最多的年齡，能幫助幼兒做的事就替他做　(C)凡事幼兒自己來，以免長大後對自己沒有信心　(D)順其自然　(E)多鼓勵，完全不要責備。

（ C ）16.幼兒充分獲得父母親的愛，在愉快的環境中成長，幼兒覺得有歸屬感。在心理學家馬斯洛（Maslow）「人類需求層次論」中，是屬於哪一需求層次？　(A)生理需求　(B)安全需求　(C)愛和歸屬的需求　(D)自尊的需求　(E)自我實現。

附錄
題精解　歷屆試

（ E ）17.對於幼兒的攻擊行為，下列敘述何者正確？　(A)在二到四歲的幼兒之間，達到最高峰　(B)攻擊是由遺傳而來的　(C)不會受媒體暴力的影響　(D)兄弟姊妹之間的爭吵不會有影響　(E)隨年齡漸長，漸由語言形式取代身體形式的攻擊。

（ A ）18.幼兒的繪畫發展，以想像力與創造思考為中心，下列何者為適當的輔導方式？　(A)啟發與誘導　(B)技術本位　(C)權威主義　(D)利誘主義　(E)強迫注入。

（ A ）19.幼兒無論在何種創造活動過程中，遭遇到困難時能感受到問題的所在，然後找出解決的方法，是屬於創造力心理歷程的哪一期？　(A)準備期　(B)醞釀期　(C)豁朗期　(D)驗證期　(E)敏感期。

（ C ）20.教室多了一幅畫，小玉一進教室馬上察覺到，在創造上是屬於哪一種性質？　(A)變通性　(B)流暢性　(C)敏覺性　(D)獨創性　(E)精進性。

（ B ）21.小民和小華是同學，兩人很愛欺負小狗。有天小民欺負小狗，結果被老師處罰，小華看見以後，從此不敢再欺負小狗。在道德發展理論上是屬於何種理論？　(A)心理分析論　(B)社會學習論　(C)認知發展論　(D)天生成熟論　(E)社會心理論。

（ D ）22.在非都市的地區，下列何種用地是有條件才能設置托兒所？　(A)甲種建築用地　(B)乙種建築用地　(C)丙種建築用地　(D)丁種建築用地　(E)遊憩用地。

（ E ）23.所謂幼兒教育機構，下列何者不包括在內？　(A)幼稚園　(B)托兒所　(C)托嬰所　(D)育幼院　(E)才藝中心。

（ D ）24.依據「托兒所設置辦法」規定，專（兼）辦托嬰業務者，應增加設備包含調理台、護理台及何種設施？　(A)升旗台　(B)司令台　(C)化妝台　(D)沐浴台　(E)講台。

（ B ）25.台中縣有一托兒所，設置兩班，每班二十名，請問室外的最低總面積需多少？　(A)60平方公尺　(B)80平方公尺　(C)100平方公尺　(D)120平方公尺　(E)140平方公尺。

（ E ）26.屏東縣有一托兒所，設置三班，每班二十名，請問需要設置多少套蹲式大便器　(A)1套　(B)2套　(C)3套　(D)4套　(E)5套。

（D）27.育幼院的收托對象，下列何者不正確？　(A)父母一方失蹤或長期
離家者　(B)流浪無依或被遺棄者　(C)肢體障礙或智能不足者
(D)行為偏差幼兒　(E)父母雙亡者。

（C）28.管理者使機構達到上情下達、下情上達的功能，是屬於行政管理
的哪一個內涵？　(A)計畫　(B)組織　(C)溝通　(D)協調　(E)評
鑑。

（C）29.依據「托兒所設置辦法」第十三條規定，滿二歲至未滿四歲的幼
兒，多少名幼兒需要一位保育員的編制？　(A)5～10名　(B)11
～15名　(C)16～20名　(D)21～25名　(E)26～30名。

（E）30.我國學齡前教育師資的培育機構，下列何者不包括在內？　(A)全
國師範學院幼兒教育學系　(B)大專院校之幼兒保育科系　(C)大
學院校之教育學程　(D)大學院校兒童福利系及相關科系　(E)一
般教育基金會的師資培訓中心。

（C）31.玉秀是大專幼保科畢業，在一家托兒所擔任保育員，請問需要甚
麼條件才能擔任所長？　(A)四年以上托兒機構教保經驗　(B)五
年以上托兒機構教保經驗　(C)四年以上托兒機構教保經驗，並
經主管機關主（委）辦之主管專業訓練及格者　(D)五年以上托
兒機構教保經驗，並經主管機關主（委）辦之主管專業訓練及格
者　(E)不必任何條件。

（E）32.下列何者有「幼教女傑」之稱？　(A)陳鶴琴　(B)張雪門　(C)柯
門紐斯　(D)盧梭　(E)蒙特梭利。

（E）33.我國幼兒教育發展簡史分為，①幼教轉變期②幼教發展期③幼教
萌芽期④幼教奠基期等四期，依先後發展順序排列，下列何者正
確？　(A)①→②→③→④　(B)④→③→②→①　(C)②→③→④
→①　(D)③→②→①→④　(E)③→①→④→②。

（C）34.下列何者認為「教育的目的，就是生長」？　(A)張雪門　(B)盧
梭　(C)杜威　(D)蒙特梭利　(E)皮亞傑。

（D）35.下列何者於民國12年首辦我國第一所幼稚園「南京鼓樓幼稚
園」？　(A)張雪門　(B)葉楚生　(C)李模　(D)陳鶴琴　(E)林清
江。

附　錄
題庫精解
歷屆試

（　E　）36.英國的哪一份報告書已提到，將特殊教育工作推展到嬰幼兒階段？　(A)巴特勒教育改革法案　(B)卜勞敦報告書　(C)從頭開始方案　(D)費舍法案　(E)瓦那克報告書。

（　D　）37.幼兒每日所需的熱量約幾卡？　(A)1300卡　(B)1400卡　(C)1500卡　(D)1600卡　(E)1700卡。

（　D　）38.下列何者為幼兒易患的急性傳染病？　(A)頭癬　(B)頭蝨　(C)蛔蟲症　(D)流行性感冒　(E)百日咳。

（　A　）39.急救（C.P.R.）的黃金時間為多少分鐘？　(A)4～6分鐘　(B)8～10分鐘　(C)11～12分鐘　(D)13～15分鐘　(E)16～20分鐘。

（　A　）40.能維護視力、保護表皮細胞完整、促進骨骼牙齒發育、增加呼吸抵抗力的是哪一種維生素？　(A)維生素A　(B)維生素B群　(C)維生素C　(D)維生素D　(E)維生素E。

（　C　）41.民國八十年行政院通過傳染病防治條例修正案，將傳染病分為幾級？　(A)二級　(B)三級　(C)四級　(D)五級　(E)六級。

（　C　）42.在公共場所經由咳嗽、噴嚏、言談等所感染的疾病，是何種傳染途徑？　(A)飲食傳染　(B)傷口傳染　(C)飛沫傳染　(D)接觸傳染　(E)昆蟲傳染。

（　B　）43.要使幼兒發育良好，並且在受傷時能夠迅速恢復健康的營養素是哪一種？　(A)脂肪　(B)蛋白質　(C)礦物質　(D)醣類　(E)維生素。

（　B　）44.小明長了水痘，他產生了免疫力中的何種抗體？　(A)疫苗免疫　(B)自體免疫　(C)被動免疫　(D)他動免疫　(E)主動免疫。

（　C　）45.下列哪一種針是不必打的？　(A)預防注射針　(B)嚴重腹瀉脫水，注射急速補充水分的靜脈注射　(C)發燒時，注射退燒針　(D)糖尿病患的胰島素注射　(E)嚴重地中海貧血，注射排鐵劑。

（　B　）46.下列何者為二級傳染病？　(A)水痘　(B)登革熱　(C)霍亂　(D)新生兒破傷風　(E)後天免疫不全症候群（AIDS）。

（　A　）47.下列何者不是開放性創傷？　(A)因血液滲入組織所導致的挫傷　(B)刀子或紙的邊緣所引起的割傷　(C)釘子、針等尖銳物所導致的刺傷　(D)動物爪子所造成的不規則裂傷　(E)因滑倒所造成的

擦傷。

（ E ）48.下列何者是預防流行性感冒散播的最佳方法？ (A)均衡的飲食 (B)規律的生活 (C)充足的睡眠 (D)注意多保暖 (E)時常洗手。

（ C ）49.幼兒燒燙傷的處理必須遵照三Ｂ及三Ｃ原則，何謂三Ｂ？ (A)冷卻、覆蓋、送醫 (B)冷卻、檢查傷勢、送醫 (C)停止繼續燒傷、維持呼吸、檢查傷勢 (D)停止繼續燒傷、冷卻、送醫 (E)疏通呼吸管道、迅速恢復呼吸、做心臟外部壓迫。

（ D ）50.下列何者為1999年本土幼教界的大事？ (A)1018大遊行 (B)410教改運動 (C)實施母語教學 (D)幼托合一的議題 (E)幼稚園納入義務教育。

89年台北專夜聯招試題

幼保類專業科目（一）試題

（ A ）1.盧梭（Rousseau）、裴斯塔洛齊（Pestalozzi）等人「以兒童為中心」的教育觀，是深受誰的影響？ (A)柯門紐斯（Comenius） (B)福祿貝爾（Froebel） (C)蒙特梭利（Montessori） (D)皮亞傑（Piaget）。

（ D ）2.就皮亞傑所提出的「認知發展期」來看，2～4歲的幼兒特質為 (A)以感官和肌肉動作去認知周圍的世界 (B)能充分了解無限、宇宙、時間和空間的概念 (C)能運用高層次的邏輯運思 (D)以「自我中心觀」來思考事物。

（ C ）3.我國開始有為幼兒設立的學校「蒙養院」是設立於 (A)東漢光武帝年間 (B)唐朝貞觀年間 (C)清光緒年間 (D)民國十一年。

（ B ）4.兒童福利法中所謂的「兒童」，是指未滿幾歲之人？ (A)6歲 (B)12歲 (C)15歲 (D)18歲。

（ B ）5.有關蒙特梭利的教育原則，下列何者正確？ (A)認為兒童必須透過成人的指導，才能發揮最大的學習 (B)認為兒童有自由發展的基本權利，重視兒童自我矯正的機會 (C)認為必須確實執行獎賞和懲罰，以培養兒童對自己的責任感 (D)認為幼兒本身沒有秩序感，需要重覆性練習。

（ C ）6.兒童福利的主管機關，在中央為 (A)法務部 (B)教育部 (C)內政部 (D)經濟部。

（ D ）7.以下何者是開放式保育的作法？ (A)力求幼兒謹守團體規範，行動一致標準 (B)著重幼兒讀寫算的練習，以提早做好幼小銜接之準備 (C)如遇幼兒有擾亂行為或紛爭，教師不予協助或處理 (D)尊重幼兒的興趣、需要和能力，鼓勵幼兒自發的觀察、操作。

（ D ）8.艾瑞克森（Erikson）「心理社會發展論」中，指出兒童在3～6歲是

何種人格發展的關鍵期？ (A)信任與不信任 (B)自我統整與認同混淆 (C)友愛親密與孤獨疏離 (D)自動自發與退縮內疚。

（ A ）9.「做中學」（learning by doing）是以下何者的主張？ (A)杜威（Dewey） (B)佛洛依德（Freud） (C)布魯納（Bruner） (D)郭爾堡（Kohlberg）。

（ B ）10.腦部缺氧幾分鐘，即會造成腦部組織壞死？ (A)1～2分鐘 (B)4～6分鐘 (C)10～15分鐘 (D)30分鐘。

（ BC ）11.根據「托兒所設置辦法」規定，托兒所房舍的合法使用樓層為 (A)地下室及地面層 (B)地面層及2樓 (C)1至3樓 (D)無樓層限制。

（ D ）12.關於評量的敘述，下列何者有誤？ (A)評量應是整體的、全人的 (B)評量應力求客觀性、實用性 (C)評量不只針對學生，也應對教師的方法、能力等加以評量 (D)評量為達公平性，應以測驗方式為唯一方式。

（ D ）13.幼兒用藥時，最好用什麼吞服？ (A)牛奶 (B)果汁 (C)茶 (D)開水。

（ A ）14.幼兒發育時期，需要多攝取以下何種營養素，以做為其骨骼、牙齒、血液的生長材料？ (A)礦物質 (B)蛋白質 (C)脂肪 (D)醣類。

（ C ）15.曾在台灣創辦兒童保育院，並對台灣幼教有開拓影響的是 (A)張之洞 (B)陳鶴琴 (C)張雪門 (D)陶行知。

（ B ）16.胎兒腦細胞是在母體懷胎幾個月時已開始形成的？ (A)1個月 (B)3個月 (C)6個月 (D)8個月。

（ D ）17.輔導幼兒繪畫發展時，應 (A)防止幼兒無意義、無內容的畫法，並禁止其塗鴉行為 (B)提供著色練習本，多做練習 (C)對於幼兒畫得不像時，即予指正 (D)多擴展幼兒的觀察經驗，並重視幼兒創造及自我表現的活動。

（ C ）18.關於幼兒寫字的敘述，下列何者有誤？ (A)寫字所運用的部位有手腕、手指頭、眼睛等細小骨頭及小肌肉 (B)幼兒小肌肉未發展完全，若勉強幼兒寫字，會造成其心靈與生理的負擔 (C)為

避免幼兒錯誤的握筆姿勢，應自一歲起即給予正確握筆方式的練習　(D)有良好的大肌肉發展為基礎，再來發展小肌肉的寫字能力，可達事半功倍的效果。

（A）19.增進幼兒認知能力發展的因素，下列何者有誤？　(A)父母過度期待　(B)個體發展成熟　(C)學習環境豐富　(D)生活經驗充實。

（C）20.以下何者是開放式的問法？　(A)老師說「龜兔賽跑」的故事給你們聽，好不好？　(B)「龜兔賽跑」的故事，最後是烏龜還是兔子贏？　(C)如果你是「龜兔賽跑」故事裡的兔子，你會怎麼辦？　(D)我們不要像「龜兔賽跑」故事裡的兔子愛偷懶睡覺，對不對？

（B）21.「陌生人焦慮」或「分離焦慮」（Stranger Anxiety）出現在哪一階段？　(A)0～3個月　(B)7個月～2歲　(C)4～6歲　(D)7～8歲。

（D）22.關於發展幼兒同情心的重要基礎，下列何者有誤？　(A)親身經驗　(B)健全人格　(C)適當教育　(D)權勢行為。

（A）23.幼兒把掃把當馬騎，披浴巾假裝是超人，這類遊戲行為屬於　(A)象徵性遊戲　(B)建構遊戲　(C)感覺遊戲　(D)規則性遊戲。

（B）24.以下哪一類父母的教養方式，其子女的行為表現較獨立合作、自發主動？　(A)保護式　(B)民主式　(C)冷漠式　(D)敵對式。

（A）25.孕婦吸菸會造成胎兒出生後哪方面明顯的疾病？　(A)心臟血管　(B)皮膚異常　(C)視力衰弱　(D)生殖系統。

（C）26.對於幼兒點心的安排，下列何者較合適？　(A)可樂　(B)巧克力　(C)牛奶　(D)魷魚絲。

（D）27.人類的語言中樞是在哪個部位？　(A)聲帶　(B)中耳　(C)舌頭　(D)大腦。

（B）28.幼兒的情緒態度與人格特質對於語言發展的影響為　(A)被過分保護的幼兒，使用精密型的語言　(B)過度壓抑情緒的幼兒，易產生口吃現象　(C)失去情緒依靠的幼兒，會出現高功能的語言　(D)反抗型的幼兒，較快學會說話。

（D）29.當幼兒哭個不停時，下列何者是恰當的回應方式？　(A)噓！別讓虎姑婆聽到了，會出來咬你哦！　(B)吵死了，再哭就把你關到

廁所去！　(C)羞羞羞！膽小的孩子才會哭哦！　(D)我知道你很
難過，來，抱一下！

（　A　）30.當幼兒被椅子絆倒時，責怪椅子害他跌倒，哭著要媽媽打椅子，
這是哪一種防衛機轉的方式？　(A)理由化　(B)認同　(C)逃避
(D)壓抑。

（　B　）31.嬰兒開始具有咀嚼能力，可慢慢添加副食品，是在什麼時候？
(A)3個月　(B)6個月　(C)1歲　(D)2歲。

（　D　）32.下列何者並非得自遺傳？　(A)色盲　(B)血友病　(C)種族膚色
(D)小兒麻痺。

（　C　）33.下列何種因素具有潛在危險？　(A)明亮的走廊　(B)上鎖的櫥櫃
(C)拖地的衣服　(D)無核的水果。

（　B　）34.以下的認知概念中，何者發展最早？　(A)左右　(B)大小　(C)東
西南北　(D)時間幾點幾分。

（　B　）35.幼兒缺乏維生素D，容易造成　(A)溶血性貧血　(B)佝僂症　(C)
夜盲症　(D)口角炎。

（　C　）36.烹調食物的方法，以下何者合宜？　(A)宜加小蘇打保鮮　(B)烹
調時間宜長　(C)炒菜加水宜少　(D)洗米宜用力搓洗。

（　A　）37.下列何者是代表安全性玩具的符號？　(A)ST　(B)GMP　(C)CAS
(D)DNA。

（　C　）38.關於德國麻疹的敘述，下列何者有誤？　(A)會經由飛沫傳染
(B)沒有抗體的婦女，宜在受孕前半年接種疫苗　(C)一旦傳染，
則在口腔、尿道、軀幹、四肢等產生水泡，最後結痂　(D)孕婦
懷孕三個月內感染此症，易造成腹內胎兒智能障礙、心臟膜缺損
等異常。

（　A　）39.訓練幼兒大小便時，應注意　(A)幼兒學會大便與其肛門括約肌能
否自由控制有關　(B)最好用家中成人之便器，讓他習慣　(C)晚
餐宜給較鹹的食物　(D)宜在幼兒一歲前完成大小便訓練，將有
益於自助能力。

（　D　）40.家有氣喘兒時，環境宜　(A)養貓狗　(B)鋪地毯　(C)棉絮寢具
(D)木製家具。

（ B ）41.關於肥胖兒的敘述，何者正確？ (A)造成肥胖兒的原因，主要是內分泌失調，與飲食無關 (B)兒童期肥胖症兒，其成年後得心臟病、糖尿病的機率亦高 (C)肥胖症兒運動後宜儘速補充高醣類食物 (D)應鼓勵肥胖症兒用餐吃快一點、大口一點。

（ B ）42.大多數幼兒恆齒最早發育於 (A)3歲 (B)6歲 (C)12歲 (D)20歲。

（ D ）43.心理學家馬斯洛（Maslow）提出人類需求的五個層次中，最高層次的需求為 (A)生理需求 (B)安全需求 (C)愛與隸屬需求 (D)自我實現需求。

（ A ）44.關於獎懲原則，以下何者正確？ (A)獎勵宜緊隨良好行為之後，才有即時回饋效果 (B)獎罰宜嚴厲，讓幼兒產生畏懼感，才不會再犯 (C)宜以貼紙、食物等具體獎勵代替口語讚美 (D)若幼兒打人，即取消其吃點心，讓他學習負責做錯事的後果。

（ D ）45.幼兒灼燙傷時，應 (A)用棉花覆蓋傷口 (B)塗紫藥水 (C)戳破水泡 (D)以冷水輕沖傷處。

（ A ）46.下列何者合乎「托兒所場所建築與設置」之規定？ (A)樓梯各階踏步高度不得多於14公分 (B)活動室門應向內開 (C)走廊每欄杆間距宜為25公分 (D)每20位幼兒設一個水龍頭。

（ C ）47.幼兒看電視時，應 (A)四周環境宜暗 (B)每小時休息10分鐘 (C)與電視距離保持畫面長度的6～8倍 (D)電視畫面高度比眼睛高60度。

（ B ）48.C.P.R「人工心肺復甦術」的第一步驟是 (A)施行心臟按摩 (B)保持呼吸道暢通 (C)把腳部墊高 (D)施行口對口人工呼吸。

（ A ）49.如有扭傷或腫傷時，應予 (A)冷敷 (B)熱敷 (C)來回走動 (D)塗碘酒消腫。

（ C ）50.小孩每天應至少喝水 (A)400c.c. (B)800c.c. (C)1600c.c. (D)3200c.c.。

89年台中專夜聯招試題

幼保類專業科目（一）試題

（ D ）1.我們可以看到幼兒把竹竿當馬騎，或披上一條浴巾就儼然是個飛天入地的超人，這是指幼兒具有哪一種心理發展的特質？ (A)可塑性大 (B)模仿性強 (C)精力充沛 (D)富想像力。

（ A ）2.下列敘述何者錯誤？ (A)維生素B1的缺乏症是壞血病 (B)維生素B2缺乏時易患口角炎 (C)缺乏維生素B6會有抽筋的症狀 (D)維生素B12攝取不足易造成惡性貧血。

（ B ）3.一般嬰兒最先能使用手臂，然後用手，最後能使用手指，這是遵循哪一項發展原則來進行的？ (A)頭足定律 (B)近遠定律 (C)同時定律 (D)統整定律。

（ C ）4.利用客觀度量尺度和單位來測量幼兒各種事實能量和心理特質，是指下列哪一種研究法？ (A)觀察法 (B)實驗法 (C)測量法 (D)問卷法。

（ A ）5.海帶、紫菜、海魚、貝類等海產類食物，富含下列哪一種礦物質？ (A)碘 (B)磷 (C)鉀 (D)鈉。

（ A ）6.下列何者非流產的主要原因？ (A)受到驚嚇或碰撞 (B)染色體異常 (C)著床的位置不對 (D)因臍帶異常發展使得氧或養分的供應中斷。

（ B ）7.有關幼兒大腦的發育，下列敘述何者錯誤？ (A)初生時的腦重約成人的四分之一 (B)八個月的嬰兒腦重為初生時的三倍 (C)三歲時的腦重，已達成人的75％ (D)六歲時的腦重則達成人的90％。

（ C ）8.醣類又稱碳水化合物，它是供應身體熱量的主要來源，是由哪三個元素所組成？ (A)碳、氫、磷 (B)碳、氧、磷 (C)碳、氫、氧 (D)氫、氧、磷。

（　D　）9.下列何者不屬於蒙特梭利教學中的感官教具？　(A)觸覺板　(B)重量板　(C)溫覺板　(D)塞根板。

（　D　）10.當醫生建議王太太採剖腹生產，以避免新生兒經過產道時雙眼易被感染，造成失明。由上推知，她可能感染了下列哪一種疾病？(A)德國麻疹　(B)小兒麻痺　(C)第一型鴛疹　(D)淋病。

（　B　）11.志強迫不及待的指給爸爸看他的第一顆大臼齒長出來了，請問志強最可能是什麼年齡？　(A)4歲　(B)6歲　(C)9歲　(D)12歲。

（　A　）12.建立了中國幼兒教育體系，並有中國的福祿貝爾之稱的是哪一位學者？　(A)陳鶴琴　(B)張雪門　(C)彭震球　(D)熊希齡。

（　D　）13.當幼兒好說假話，無妨在他說真話的時候也不理睬，這是盧梭所倡導的　(A)理性教育　(B)感情教育　(C)積極教育　(D)消極教育。

（　D　）14.「風疹」或「三日疹」，是一種極常見也是溫和的疾病，僅對未出生的胎兒具有危險性，又稱　(A)水痘　(B)麻疹　(C)日本腦炎　(D)德國麻疹。

（　C　）15.琪珊出生一、二週時，媽媽以手指觸及其面頰，她的臉會轉向刺激的方向，並用嘴去吸吮媽媽的手指頭，這是屬於新生兒的哪一種反射動作？　(A)頸緊張反射　(B)達爾文反射　(C)搜尋反射(D)摩羅反射。

（　A　）16.根據皮亞傑的理論，人類智力的發展是由下列哪三個因素交互作用的歷程？　(A)基模、順應、平衡　(B)基模、調適、同化　(C)順應、調適、平衡　(D)基模、同化、平衡。

（　A　）17.奕庭滿一個月大，依現行各項預防接種的時間規定，他應已接受的疫苗是：①B型肝炎疫苗②破傷風白日喉混合疫苗③卡介苗④德國麻疹疫苗⑤日本腦炎疫苗　(A)①③　(B)①②③　(C)②③④⑤　(D)①②③⑤。

（　C　）18.嬰幼兒粗動作發展的先後順序為：①翻身②跳繩③踩三輪車④爬行⑤獨立行走　(A)①②③④⑤　(B)④①⑤③②　(C)①④⑤③②(D)⑤④①②③。

（　D　）19.下列語句何者為「電報句」的正確解讀？　(A)「球球」，意思是

「這是球球」 (B)「嘟嘟」，意思是「汽車開動」 (C)「抱抱」，意思是「要媽媽抱」 (D)「奶奶糖」，意思是「奶奶我要吃糖」。

（ A ）20.引起幼兒夜裡肛門附近局部發癢，導致不安、失眠的是下列哪一種寄生蟲？ (A)蟯蟲 (B)蛔蟲 (C)簇蟲 (D)阿米巴蟲囊。

（ B ）21.「教育愛」的實行者，並提出完人教育：手（Hand）、腦（Head）、心（Heart）三H之訓練的是哪一位學者？ (A)盧梭 (B)裴斯塔洛齊 (C)福祿貝爾 (D)皮亞傑。

（ B ）22.凱儒一面畫個大圓圈，一面喃喃自語著說：「這是爸爸」；接著又一面畫個小圓圈，一面喃喃自語著說：「這是我」，凱儒是處於繪畫的 (A)塗鴉期 (B)象徵期 (C)前圖示期 (D)圖示期。

（ C ）23.國境內不允許有私立的幼稚教育機關設置並且入憲的國家為： (A)英國 (B)德國 (C)俄國 (D)法國。

（ D ）24.有關幼兒夜睡不寧的原因與相對的處理方式，下列何者錯誤？ (A)若怕黑暗，可裝一盞小燈 (B)若夜裡小便頻繁，晚餐後宜避免喝太多水分與吃過多水果 (C)若室內有蚊蟲叮咬不適，則須改善居家環境衛生 (D)若患寄生蟲症，宜自行買藥服用。

（ B ）25.看圖書、畫冊、電視、電影或聽音樂、歌謠、故事等能使幼兒感覺快樂的遊戲，是屬於幼兒期遊戲發展的哪一類型？ (A)機能遊戲 (B)受容遊戲 (C)構想遊戲 (D)想像遊戲。

（ C ）26.劭劭叫著爸爸，爸爸不應，即下結論：「爸爸沒聽見。」這是運思預備期的哪一種認知發展特徵？ (A)具體化 (B)以自我為中心 (C)直接推理 (D)集中注意。

（ A ）27.小女孩常抱著洋娃娃說：「娃娃乖！不要哭，我馬上餵你吃奶。」猶如媽媽照顧嬰孩一樣，這是屬於哪一種概念的發展？ (A)生命概念 (B)空間概念 (C)時間概念 (D)質量保留概念。

（ C ）28.思涵的心理年齡（M.A.）是8歲，實足年齡（C.A.）是10歲，根據美國推孟所修訂的「司比量表」，她的智商（I.Q.）應該是屬於 (A)中上智力 (B)中等智力 (C)下等智力 (D)低能。

（ C ）29.下列何者不是引起幼兒中耳發炎的主要原因？ (A)患感冒或痲疹

附錄 歷屆試題精解

等傳染病 (B)到水質不潔處游泳 (C)長期暴露於噪音環境中 (D)經常用力擤鼻涕。

(D) 30.加拿大心理學家布黎茲（Bridges）發現新生兒的情緒有二類：興奮與恬靜，其後第一個從「興奮」分化出來的情緒是 (A)厭惡 (B)喜愛 (C)懼怕 (D)苦惱。

(B) 31.兩歲大的德德會對媽媽撒嬌，經常要求媽媽抱他，親吻他，他是處於「親愛」情緒發展的 (A)自戀期 (B)愛成人期 (C)同性愛期 (D)異性戀期。

(C) 32.杜威強調一切的學習均由「從中去學」，下列教學實例何者最符合教育主張？ (A)講解「青蛙」的成長過程，並教唱「小青蛙」兒歌 (B)利用圖片介紹，讓幼兒更加認識「昆蟲」的身體構造和食性 (C)讓幼兒用糖、餅乾引來「螞蟻」仔細觀察，然後再配合美勞活動「做螞蟻」 (D)讓幼兒以書面方式記錄下「蠶寶寶」的一生。

(B) 33.三歲的子佩，常把「ㄩㄝˋ ㄌㄧㄤˋ」說成「ㄨㄟˋ ㄌㄧㄤˋ」：「ㄆㄨˋ ㄊㄠˊ ㄩㄢˊ」說成「ㄆㄨˋ ㄊㄠˊ ㄨㄟˊ」，這是屬於哪一種語言發展上的缺點？ (A)語言遲滯 (B)發音錯誤 (C)口吃 (D)失語症。

(C) 34.安安個性害羞、退縮，在班上默默無聞，不受人喜歡，同學也不討厭他，他是處於哪一種社會接納的程度？ (A)被接受者 (B)邊緣者 (C)忽視者 (D)孤立者。

(D) 35.處理幼兒意外傷害的方式，下列何者正確？ (A)見到幼兒受創傷流血時，儘量將流血部位放低 (B)脫臼時，熱敷可減輕其疼痛，腫脹 (C)異物入鼻，如果不易取出，則應猛力擤鼻子使其出來 (D)灼燙傷部應該儘快使它冷卻，以阻止它繼續傷害深部組織。

(B) 36.根據艾瑞克遜的「發展危機論」，二至三歲的幼兒，當其所面臨的心理危機或心理衝突獲得解除，他可望達到哪一種理想的發展境界？ (A)對人信賴 (B)自制與自信 (C)進取又獨立 (D)人格統整。

（ B ）37.幼兒用泥土、黏土或沙子來做蛋糕，用積木來堆積建築物，這些是屬於　(A)感覺遊戲　(B)建構性遊戲　(C)活動性遊戲　(D)模仿性遊戲。

（ A ）38.為幼兒選購真正安全的玩具，除了有賴於消費者本身習得判斷的功夫，還要以「玩具會」抽檢合格的　(A)ST　(B)SG　(C)FT　(D)TS　字樣為準。

（ D ）39.佳佳丟玩具，被媽媽糾正，她趕快對媽媽說：「姊姊剛剛也有丟。」這是屬於哪一種合理化作用？　(A)酸葡萄作用　(B)甜檸檬作用　(C)推諉　(D)援例。

（ D ）40.「一、二、三木頭人」是屬於下列哪一種遊戲行為？　(A)探索性遊戲　(B)練習性遊戲　(C)象徵性遊戲　(D)規則性遊戲。

（ C ）41.有關幼兒的口腔保健，每隔多久須按時前往牙醫師處徹底檢查？　(A)每個月　(B)每三個月　(C)每半年　(D)每年。

（ A ）42.關於幼兒不良適應行為，下列何者不應使用忽視的策略來處理？　(A)破壞性行為　(B)哭啼　(C)說髒話　(D)發脾氣。

（ A ）43.我們以「塑膠袋有什麼用途？」為題，讓幼兒在一定時間內回答，若幼兒能舉出塑膠袋的用途數量愈多，則表示其下列哪一種的創造特質愈好？　(A)流暢性　(B)變通性　(C)獨創性　(D)精進性。

（ A ）44.幼兒所需的營養素中，能幫助鈣與磷的吸收利用，可預防軟骨症的是　(A)維生素D　(B)維生素A　(C)維生素C　(D)維生素K。

（ D ）45.下列哪一種發問方式較不能啟發幼兒的創造思考能力？　(A)磚頭除了蓋房子，還有什麼用途？　(B)毛筆和彩色筆有什麼不同？　(C)喝水時沒有茶杯，有什麼東西可以替代？　(D)放學後，要不要去公園玩？

（ C ）46.四、五歲的幼兒常在自己的心靈中編織許多美麗的故事，向人述說他到過什麼地方，看過什麼，其實並無其事，這是屬於哪一種無意識的說謊？　(A)回憶上的混淆　(B)語言未發達　(C)幻想　(D)英雄主義。

附錄
歷屆試題精解

（ B ）47.維哲不小心把哥哥的作業簿弄髒了，馬上說：「對不起！我不是故意的，真的。」其道德發展處於　(A)他律階段　(B)自律階段　(C)無律階段　(D)道德現實期。

（ B ）48.有關幼兒意外事件預防的注意事項，下列何者錯誤？　(A)避免購買帶有銳角的玩具　(B)洗澡水先放熱再放冷水　(C)易破的東西安置高架上　(D)避免插頭裝置過低且暴露之。

（ C ）49.希臘數學家、物理學家兼發明家阿基米德（Archimedes）在自家浴室洗澡時，忽然頓悟，發現了「浮力原理」，基於創造性思考的哪一心理歷程？　(A)準備期　(B)醞釀期　(C)豁朗期　(D)驗證期。

（ B ）50.依航最愛騎木馬，始終霸占不願讓兄弟姊妹玩，這是受到人格結構中哪一部分的支配？　(A)自我　(B)本我　(C)超我　(D)人我。

89年嘉南高屏專夜聯招試題

幼保類專業科目（一）試題

（ C ）1.有關觀察法的敘述，何者有誤？　(A)須有事先的計畫　(B)須先界定觀察的行為　(C)樣本描述法是最初研究幼兒行為的方法　(D)時間抽樣法適用於幼兒經常出現的行為。

（ D ）2.欲在短時間內研究不同年齡的幼兒，以了解年齡與某種行為之間的關係，所得資料並能畫成概括性的發展曲線，此種研究法是　(A)晤談法　(B)測量法　(C)縱貫探究法　(D)橫斷探究法。

（ B ）3.下列有關幼兒保育思潮的敘述，何者正確？　(A)福祿貝爾的教育原則是自由與義務　(B)陳鶴琴於民國十二年首辦我國第一所幼稚園──南京鼓樓幼稚園　(C)盧梭利用「恩物」教育，並特別注重「遊戲」　(D)蒙特梭利認為人類智慧的發展是基模、順應、平衡三因素交互作用的歷程。

（ A ）4.大教育學這本書認為兒童期的教育（七～十二歲）是以培養何者為職責？　(A)想像力　(B)秩序與整潔　(C)理解力　(D)意志力。

（ A ）5.下列哪一國的幼兒教育均受國家管理，不許有任何私立幼教設施？　(A)俄國　(B)日本　(C)英國　(D)法國。

（ C ）6.以下何者非德國的幼兒保育概況？　(A)西德的學前教育機構大多是附設於學校的　(B)重視家庭教育及親職教育　(C)具有少年指導員資格可在學校幼稚園任教，並且也是合格的小學教師　(D)完整幼稚園是一種特殊幼稚園，專門招收正常幼兒與障礙幼兒共同施教。

（ D ）7.有關幼兒身體發展的特徵，何者敘述有誤？　(A)幼兒期是粗大肌肉的發展，不宜做精細工作　(B)幼兒肌肉富彈性、柔軟，骨骼易彎曲變形　(C)肺活量太小，呼吸快而短促　(D)血管細、心臟過大，因此心跳較慢。

（ D ）8.以下何者非實施啓發式教學法的限制？　(A)教師專業受考驗　(B)適用學科受限制　(C)不適合人數多的團體教學　(D)不易維持學習的動機。

（ A ）9.布魯納（Bruner, 1966）認為，兒童漸長，可以憑記憶說出某種東西的形象狀貌，做為他思考的輔助，是屬於個體心智能力發展的哪一期？　(A)形象表徵期　(B)符號表徵期　(C)動作表徵期　(D)名詞表徵期。

（ B ）10.下列有關幼兒心理發展的特徵，何者敘述有誤？　(A)幼兒期的「可塑性」高，性格、興趣都未定型，最易接受成人指導　(B)二歲大的幼兒，開始有記憶力與想像力　(C)幼兒到了十一歲時，自我中心性會逐漸消失　(D)依據柏登（M. Parten）的研究分類，五歲以上的兒童遊戲，屬於合作遊戲。

（ C ）11.若有小蟲進入耳朵，要如何處理較佳？　(A)利用點燃香菸在耳邊燻，讓小蟲受不了爬出來　(B)趕快用棉花塞進耳朵，使小蟲窒息死亡　(C)用明亮的小燈照射外耳道，誘使小蟲爬出　(D)用大量清水沖洗耳內，小蟲自然被沖出來。

（ B ）12.關於幼兒餐點的實施要點，何者有誤？　(A)養成幼兒自己拿取食物及收拾餐具的習慣　(B)點心時間最好距正餐時間約1小時　(C)食物調配可配合節令或教學單元　(D)每次點心時間以15〜20分鐘為原則。

（ B ）13.幼兒尿床的心理因素為何？　(A)太疲倦　(B)白天玩得太興奮　(C)生病　(D)大腦皮質發育未全。

（ A ）14.平日宜多安排幼兒有戶外活動的機會，因日光可使人體製造何種維生素有助骨骼的成長與發育？　(A)Ｄ　(B)Ｃ　(C)Ａ　(D)Ｅ。

（ D ）15.以下何者不是評量的工具？　(A)量表　(B)問卷　(C)測驗　(D)常模。

（ C ）16.依據育幼院扶助兒童辦法第十四條，何者不具申請收養育幼院兒童資格？　(A)夫妻身心健全，一方年滿三十歲，未滿五十五歲者　(B)夫妻有固定住所及正常職業或相當資產者　(C)未婚的女

性或男性　(D)夫妻有無親生子女或養子女者皆可。

（C）17.下列何者不是目前托兒所教保人員的主要培育機構？　(A)公私立高職幼兒保育科　(B)二專幼兒保育科　(C)師範學院幼兒教育系　(D)技術學院幼兒保育技術系。

（B）18.關於幼兒發展的模式，何者錯誤？　(A)嬰兒出生約一年後，才會走路　(B)脖子發展的時間，先於眼睛及嘴巴　(C)先能使用手臂，然後用手，最後能使用手指　(D)最先發展激動和恬靜，接著分化出苦惱和愉快。

（D）19.對年齡較小的幼兒輔導，由於他們語言能力不足，宜採何種輔導方式較佳？　(A)個別談話　(B)施行問卷　(C)團體輔導　(D)遊戲投射法。

（A）20.以下何者是胎兒期（8～12週出生）的正確敘述？　(A)三個月大時，可區辨性別　(B)二個月大時，母親可感受到「胎動」　(C)六個月大時出生，存活機會很大　(D)四個月大時，眉毛及睫毛開始生長，全身有胎毛覆蓋。

（C）21.有關蒙古症（Mongolism）或稱唐氏症（Down's syndrome）的敘述，何者錯誤？　(A)由染色體異常現象所引起　(B)特徵是智力與身體發展較遲鈍　(C)經過適當的藥物治療，則可痊癒　(D)可在懷孕16週時，作羊膜穿刺檢查。

（B）22.骨骼由軟骨逐漸吸收鈣、磷及其他礦物質而變硬的過程稱為　(A)鈣化　(B)骨化　(C)硬化　(D)強化。

（D）23.關於幼兒消化系統的發展，何者正確？　(A)嬰兒期的流口水情形約三歲時會吞口水而不再有　(B)一歲以後較適合供給幼兒固體食物　(C)多數新生兒在出生後1個月開始排「胎便」　(D)嬰兒餵奶後應讓他趴著或向右側躺，以避免溢奶時吸入肺。

（A）24.當新生兒突然受到痛、光、強音的刺激，或失去支托時，會引起四肢衝擊運動，二腳舉高二手腕內向側彎曲作擁抱狀，此種反射動作稱為　(A)摩羅反射（Moro reflex）　(B)巴氏反射（Babinski reflex）　(C)達爾文反射（Darwinian reflex）　(D)搜尋反射（rooting reflex）。

附錄
歷屆試
題精解

（ A ）25.下列何者非幼兒動作發展的輔導方法？ (A)把握幼兒關鍵期，儘量讓幼兒提早學習走路 (B)多帶幼兒到戶外玩玩，盪鞦韆、溜滑梯、玩輪胎等活動均不錯 (C)多給幼兒鼓勵以激發學習動機 (D)動作技能的學習以練習為主體。

（ C ）26.以下何者是幼兒語言發展第三期（大約2～2歲半）的特徵？ (A)使用「電報句」 (B)模仿動物所發出的聲音當作其名稱 (C)學會使用代名詞 (D)喜歡問東西的名稱。

（ D ）27.幼兒保留概念發展的次序為 (A)重量→質量→體質 (B)重量→體積→質量 (C)質量→體積→重量 (D)質量→重量→體積。

（ B ）28.幼兒有一天沒午睡，乃說：「我沒午睡，所以沒有下午。」此幼兒是屬於皮亞傑認知發展理論的哪一時期？ (A)感覺動作期 (B)運思預備期 (C)具體運思期 (D)形式運思期。

（ C ）29.嬰兒看到狗兒「汪汪」，看到白兔、貓，都是「汪汪」，此種學習方式是古典制約學習理論的何種學習現象？ (A)成人教導 (B)交替反應 (C)刺激類化 (D)直接經驗。

（ A ）30.處置孩子的憤怒，最好使用何種方法？ (A)設法轉移孩子的注意力 (B)告訴他：「我要叫老虎吃掉你！」 (C)採用體罰 (D)跟著他一起生氣。

（ D ）31.當幼兒與媽媽在一起玩時，心情是很愉快的。但媽媽若暫時離開時，他會顯得不安，母親若回來了，他又能安心的玩，這種依戀是屬於何種型態？ (A)迴避的依戀 (B)依附型依戀 (C)反抗性依戀 (D)安全的依戀。

（ C ）32.嬰兒的基本情緒發展，多受何種因素支配較多？ (A)環境 (B)遺傳 (C)成熟 (D)學習。

（ D ）33.以下何者非有關幼兒攻擊行為的敘述？ (A)四歲到五歲之間，達到最高峰，然後遞減 (B)活動空間太小易發生攻擊 (C)幼兒常喜歡以攻擊方式引起別人注意 (D)隨著年齡漸增，語言攻擊逐漸消失，而身體攻擊卻增加了。

（ A ）34.何種類型的父母，所教育出來的子女，較會尊重別人，學會與人相處，並熱心參與各種活動？ (A)民主式的父母 (B)專制式的

父母　(C)放任式的父母　(D)管教式的父母。

（　A　）35.由莫里諾（J. L. Moreno）的社會互動關係圖中，位於外圈者人際
　　　　關係差，我們稱之為　(A)孤立者　(B)忽視者　(C)邊緣者　(D)
　　　　攀附者。

（　C　）36.哪種心理防衛方式，有助於幼兒健全人格的發展？　(A)投射
　　　　(B)理由化　(C)代替　(D)壓抑。

（　B　）37.羅夏墨漬測驗（Rorschach Inkblot Test）是屬於人格測量中的何種
　　　　方法？　(A)自陳法　(B)投射法　(C)情境法　(D)評量法。

（　D　）38.有關牙齒的敘述，以下何者有誤？　(A)幼兒的乳齒共二十顆
　　　　(B)六～八個月左右首先長出下門牙　(C)成人的永久齒共廿八～
　　　　卅二顆　(D)六歲左右首先長出犬齒。

（　D　）39.何種維生素是國人最容易缺乏的，因此宜多飲用牛奶或多吃健素
　　　　糖？　(A)菸鹼酸　(B)維生素B1　(C)葉酸　(D)維生素B2。

（　C　）40.哪一種營養素是供應身體熱量的主要來源，每一公克可產生4卡
　　　　的熱量，其食物的來源分布最廣，也是最易消化與吸收之能源？
　　　　(A)脂肪　(B)蛋白質　(C)醣類　(D)維生素。

（　B　）41.以下何者非有關水痘的敘述？　(A)得過此症可終身免疫　(B)口
　　　　腔兩側黏膜有白色柯氏斑　(C)由濾過性病毒傳染　(D)疹子奇癢
　　　　無比，不能亂抓，以免感染細菌。

（　A　）42.夏天到了，結膜炎與角膜炎盛行，有關此疾病的敘述，何者為
　　　　非？　(A)得過此病，可終身免疫　(B)由濾過性病毒傳染　(C)多
　　　　洗手，不用手摸眼睛，可預防此病　(D)感染後，切勿自行點
　　　　藥，應找眼科醫生診治。

（　A　）43.以下關於幼兒飲食調配的原則，何者有誤？　(A)洗米、淘米次數
　　　　愈多愈好　(B)炒菜時儘量少加水　(C)烹調時間要短　(D)蔬菜類
　　　　應先洗乾淨再泡鹽水，等臨煮前才切。

（　B　）44.下列何者食物，最適合於嬰兒腹瀉時食用？　(A)牛奶加麥片
　　　　(B)米湯　(C)果汁　(D)沖淡的牛奶。

（　D　）45.一歲半到三歲的幼兒容易產生「奶瓶齲齒」，最好的預防方法是
　　　　(A)用果汁取代睡前的牛奶　(B)每日清晨餵以適量的氟　(C)戒掉

附錄
歷屆試
題精解

白天添加副食品餵食的習慣　(D)戒掉睡前餵食牛奶的習慣。

（ C ）46.托兒所的廁所設置須注意　(A)宜集中一處，方便管理　(B)宜近廚房，以方便沖洗　(C)門應向外開，不需設鎖　(D)每20個幼兒要有一坑位。

（ C ）47.有關視力保健的預防和矯治，何者正確？　(A)趴在桌上看書較不費眼力　(B)找眼鏡公司驗光配鏡較眼科醫師專業　(C)看電視時間最好每三十分鐘休息十分鐘　(D)刊物字體愈小愈好。

（ B ）48.以下何者不是影響幼兒體態姿勢的原因？　(A)身體肥胖　(B)缺乏維生素A易造成O型腿　(C)視力不良　(D)不適合的桌椅或服飾。

（ D ）49.下列何者不是中毒的一般處理方式？　(A)對意識不清者，要讓他以復原的臥姿躺著，便利嘔吐　(B)呼吸或心跳停止，應立即進行心肺復甦術　(C)藥物中毒時，視情況沖淡再催吐　(D)酸鹼中毒時，要趕快催吐，再送醫。

（ B ）50.嬰幼兒二歲以前的遊戲純屬何種性質？　(A)想像性　(B)感覺動作　(C)創造性　(D)合作性。

90年各類聯招試題

（ C ）1.依據民國八十四年頒布的「兒童福利專業人員資格要點」，高中
（職）學校幼兒保育科畢業生至托兒所可擔任下列何種職務？
(A)教師　(B)社工人員　(C)助理保育人員　(D)保育人員。

（ D ）2.研究者針對一群年齡相同的幼兒，自其進入托兒所至國中畢業期
間，間歇地、重複地進行生長發展的觀察，這是屬於下列哪一種
研究法？　(A)個案研究法　(B)橫斷研究法　(C)測量研究法　(D)
縱貫研究法。

（ C ）3.下列有關福祿貝爾（Froebel）與蒙特梭利（Montessori）教育學說
的敘述，何者最適宜？　(A)福祿貝爾創造「兒童之家」，蒙特梭
利創設「幼稚園」　(B)蒙特梭利是福祿貝爾的精神導師　(C)兩
位教育學家均強調，幼兒需要實物的操作以幫助正常化的發展
(D)教學上福祿貝爾重視幼兒單獨的「工作」；蒙特梭利重視團體
的「遊戲」。

（ B ）4.下列有關我國幼兒保育發展的現況敘述，何者最適宜？　(A)自民
國八十七年起，托兒所、幼稚園均歸屬內政部兒童局管轄　(B)目
前幼兒教保機構，仍以私立機構為多　(C)依據托兒所設置相關法
規的規定，托兒所僅收托3～6歲幼兒　(D)就讀公立托兒所的幼兒
得申請幼兒教育券。

（ B ）5.若幼兒經常發生毀壞玩具的行為，下列哪一種成人的反應，最能
呼應盧梭所倡導的「消極教育」？　(A)不計較幼兒的行為，立刻
再為其買更多的玩具　(B)暫不買玩具，讓其感受無玩具可玩的結
果　(C)懲罰幼兒後，立刻再買玩具　(D)口頭責罵後，永不買玩
具。

（ A ）6.下列有關幼兒教育先哲的主張，何者正確？　(A)柯門紐斯（John
Amos Comenius）主張泛智論　(B)盧梭（Jean Jacques Rousseau）
主張認知發展論　(C)皮亞傑（Jean Piaget）主張平民教育　(D)杜

威（John Dewey）主張自然的懲罰。

（ C ）7.任何人剝奪或妨礙兒童接受國民教育之機會或非法移送兒童至國外就學，即違反我國政府所頒布的哪一種法令？ (A)「兒童保護法」 (B)「家庭暴力防制法」 (C)「兒童福利法」 (D)「衛生保健法」。

（ B ）8.下列哪一位教育家主張「教育即經驗之改造」？ (A)皮亞傑（Jean Piaget） (B)杜威（John Dewey） (C)艾力克遜（Erik Erikson） (D)佛洛伊德（Sigmund Freud）。

（ A ）9.為幼兒挑選玩具時，宜優先考慮哪三種原則？ (A)安全、幼兒發展需要、幼兒的興趣 (B)挑戰性、認知學習、幼兒的興趣 (C)遊戲性、挑戰性、幼兒的興趣 (D)遊戲性、幼兒發展需要、幼兒的成就感。

（ B ）10.下列有關我國教保政策發展的現況，何者有誤？ (A)鼓勵私人興辦及公設民營 (B)普設公立嬰幼兒教保機構 (C)發放幼兒教育券 (D)研議幼托整合的可行性。

（ A ）11.下列有關英國幼兒教保概況的敘述，何者正確？ (A)幼兒學校（infant school）招收五歲至七歲的幼兒 (B)幼兒教育與保育機構均歸屬教育部管轄 (C)英國是世界各國中最晚推展幼兒教育與保育的國家 (D)中學畢業生即可擔任幼兒學校的教師。

（ A ）12.下列有關各國幼兒教保發展的趨勢，何者有誤？ (A)降低教保人員的素質 (B)提高教保人員的待遇與福利 (C)重視幼兒教育的重要性 (D)趨向普及化。

（ A ）13.婚前健康檢查，以預防不良遺傳，這是「五善政策」中的哪一項政策？ (A)善種政策 (B)善生政策 (C)善養政策 (D)善保政策。

89年各類聯招試題

（ A ）1.下列關於幼兒保育研究法的敘述，何者錯誤？　(A)「日記描述法」可對幼兒的行為做詳細紀錄並量化　(B)「個案研究法」是彙集各種研究法的方法　(C)「橫斷」研究法可在短時間內蒐集不同年齡的發展資料　(D)「實驗法」是在控制的情境下，來觀察依變項的變化。

（ D ）2.下列敘述何者正確？　(A)柯門紐斯畢生致力於教育貧困而被譽為「孤兒之父」　(B)裴斯塔洛齊著有大教育學一書，強調實物教學　(C)杜威的教育思想重視感官教育，並主張採用自我教育與個別化教育方式，以適應兒童的個別差異　(D)福祿貝爾特別重視幼兒遊戲與玩具。

（ B ）3.下列有關各國幼兒保育概況的敘述，何者錯誤？　(A)英國對5歲幼兒的教育列為義務教育　(B)美國在60年代推展的「提前開始方案」，主要是針對資優兒童的教育過程　(C)我國在清朝末期設立的蒙養院，其保育教材的編寫多承襲日本　(D)日本管轄保育所的行政機關，在中央為厚生省。

（ D ）4.下列關於幼兒保育的內容，何者正確？①點心的供應時間最好距正餐時間1小時②以固定食量的方式較能讓幼兒吸收足夠的營養③每天最好有上、下午各一次的戶外活動時間④用餐時讓幼兒自己拿餐具盛取，可訓練幼兒手眼協調及平衡能力　(A)①③　(B)②③　(C)①④　(D)③④。

（ C ）5.強調父母要能提供子女良好的行為規範，以潛移默化的方式，引導幼兒社會及道德發展，是哪一學派的論點？　(A)人文主義論　(B)精神分析論　(C)社會學習論　(D)行為學派。

（ B ）6.下列對啟發式教學活動及其效果的描述，何者為錯誤？　(A)能維持幼兒學習的動機　(B)在多人的團體教學中亦可發揮效果　(C)有助於學習遷移　(D)能學習到思考及解決問題的方法。

附　錄　◇　211

（ C ）7.下列對馬斯洛所提之「需求層次論」的描述，何者正確？　(A)需求層次愈高，普遍性愈大　(B)需求層次愈高，彈性愈小　(C)層次愈高，個別差異愈大　(D)是屬於精神分析學派的觀點。

（ D ）8.「兒童福利法」所規範之兒童年齡是　(A)3歲以下　(B)6歲以下　(C)9歲以下　(D)12歲以下。

（ B ）9.發現幼兒受虐時，應立即向主管機關報告，不得超過　(A)12小時　(B)24小時　(C)48小時　(D)72小時。

（ A ）10.盧梭（Rousseau）、裴斯塔洛齊（Pestalozzi）等人「以兒童為中心」的教育觀，是深受誰的影響？　(A)柯門紐斯（Comenius）　(B)福祿貝爾（Froebel）　(C)蒙特梭利（Montessori）　(D)皮亞傑（Piaget）。

（ D ）11.就皮亞傑所提出的「認知發展期」來看，2～4歲的幼兒特質為　(A)以感官和肌肉動作去認知周圍的世界　(B)能充分了解無限、宇宙、時間和空間的概念　(C)能運用高層次的邏輯運思　(D)以「自我中心觀」來思考事物。

（ C ）12.我國開始有為幼兒設立的學校「蒙養院」是設立於　(A)東漢光武帝年間　(B)唐朝貞觀年間　(C)清光緒年間　(D)民國十一年。

（ B ）13.兒童福利法中所謂的「兒童」，是指未滿幾歲之人？　(A)6歲　(B)12歲　(C)15歲　(D)18歲。

（ B ）14.有關蒙特梭利的教育原則，下列何者正確？　(A)認為兒童必須透過成人的指導，才能發揮最大的學習　(B)認為兒童有自由發展的基本權利，重視兒童自我矯正的機會　(C)認為必須確實執行獎賞和懲罰，以培養兒童對自己的責任感　(D)認為幼兒本身沒有秩序感，需要重覆性練習。

（ C ）15.兒童福利的主管機關，在中央為　(A)法務部　(B)教育部　(C)內政部　(D)經濟部。

（ D ）16.以下何者是開放式保育的作法？　(A)力求幼兒謹守團體規範，行動一致標準　(B)著重幼兒讀寫算的練習，以提早做好幼小銜接之準備　(C)如遇幼兒有擾亂行為或紛爭，教師不予協助或處理　(D)尊重幼兒的興趣、需要和能力，鼓勵幼兒自發的觀察、操

作。

（ D ）17.艾瑞克森（Erikson）「心理社會發展論」中，指出兒童在3～6歲是何種人格發展的關鍵期？　(A)信任與不信任　(B)自我統整與認同混淆　(C)友愛親密與孤獨疏離　(D)自動自發與退縮內疚。

（ A ）18.「做中學」（Learning by doing）是以下何者的主張？　(A)杜威（Dewey）　(B)佛洛依德（Freud）　(C)布魯納（Bruner）　(D)郭爾堡（Kohlberg）。

（ B ）19.根據「托兒所設置辦法」規定，托兒所房舍的合法使用樓層為(A)地下室及地面層　(B)地面層及2樓　(C)1至3樓　(D)無樓層限制。

（ D ）20.關於評量的敘述，下列何者有誤？　(A)評量應是整體的、全人的　(B)評量應力求客觀性、實用性　(C)評量不只針對學生，也應對教師的方法、能力等加以評量　(D)評量為達公平性，應以測驗方式為唯一方式。

（ C ）21.曾在台灣創辦兒童保育院，並對台灣幼教有開拓影響的是　(A)張之洞　(B)陳鶴琴　(C)張雪門　(D)陶行知。

（ A ）22.關於獎懲原則，以下何者正確？　(A)獎勵宜緊隨良好行為之後，才有即時回饋效果　(B)獎罰宜嚴厲，讓幼兒產生畏懼感，才不會再犯　(C)宜以貼紙、食物等具體獎勵代替口語讚美　(D)若幼兒打人，即取消其吃點心，讓他學習負責做錯事的後果。

（ A ）23.下列何者合乎「托兒所場所建築與設置」之規定？　(A)樓梯各階踏步高度不得多於14公分　(B)活動室門應向內開　(C)走廊每欄杆間距宜為25公分　(D)每20位幼兒設一個水龍頭。

（ C ）24.利用客觀度量尺度和單位來測量幼兒各種事實能量和心理特質，是指下列哪一種研究法？　(A)觀察法　(B)實驗法　(C)測量法　(D)問卷法。

（ D ）25.下列何者不屬於蒙特梭利教學中的感官教具？　(A)觸覺板　(B)重量板　(C)溫覺板　(D)塞根板。

（ A ）26.建立了中國幼兒教育體系，並有中國的福祿貝爾之稱的是哪一位學者？　(A)陳鶴琴　(B)張雪門　(C)彭震球　(D)熊希齡。

（ D ）27.當幼兒好說假話，無妨在他說眞話的時候也不理睬，這是盧梭所倡導的　(A)理性教育　(B)感情教育　(C)積極教育　(D)消極教育。

（ B ）28.「教育愛」的實行者，並提出完人教育：手（Hand）、腦（Head）、心（Heart）三H之訓練的是哪一位學者？　(A)盧梭　(B)裴斯塔洛齊　(C)福祿貝爾　(D)皮亞傑。

（ C ）29.國境內不允許有私立的幼稚教育機關設置並且入憲的國家爲：(A)英國　(B)德國　(C)俄國　(D)法國。

（ D ）30.有關幼兒夜睡不寧的原因與相對的處理方式，下列何者錯誤？(A)若怕黑暗，可裝一盞小燈　(B)若夜裡小便頻繁，晚餐後宜避免喝太多水分與吃過多水果　(C)若室內有蚊蟲叮咬不適，則須改善居家環境衛生　(D)若患寄生蟲症，宜自行買藥服用。

（ C ）31.杜威強調一切的學習均由「從中去學」，下列教學實例何者最符合教育主張？　(A)講解「青蛙」的成長過程，並教唱「小青蛙」兒歌　(B)利用圖片介紹，讓幼兒更加認識「昆蟲」的身體構造和食性　(C)讓幼兒用糖、餅乾引來「螞蟻」仔細觀察，然後再配合美勞活動「做螞蟻」　(D)讓幼兒以書面方式記錄下「蠶寶寶」的一生。

（ C ）32.有關觀察法的敘述，何者有誤？　(A)須有事先的計畫　(B)須先界定觀察的行爲　(C)樣本描述法是最初研究幼兒行爲的方法(D)時間抽樣法適用於幼兒經常出現的行爲。

（ D ）33.欲在短時間內研究不同年齡的幼兒，以了解年齡與某種行爲之間的關係，所得資料並能畫成概括性的發展曲線，此種研究法是(A)晤談法　(B)測量法　(C)縱貫探究法　(D)橫斷探究法。

（ B ）34.下列有關幼兒保育思潮的敘述，何者正確？　(A)福祿貝爾的教育原則是自由與義務　(B)陳鶴琴於民國12年首辦我國第一所幼稚園——南京鼓樓幼稚園　(C)盧梭利用「恩物」教育，並特別注重「遊戲」　(D)蒙特梭利認爲人類智慧的發展是基模、順應、平衡三因素交互作用的歷程。

（ A ）35.大教育學這本書認爲兒童期的教育（7～12歲）是以培養何者爲

職責？　(A)想像力　(B)秩序與整潔　(C)理解力　(D)意志力。

（ A ）36.下列哪一國的幼兒教育均受國家管理，不許有任何私立幼教設施？　(A)俄國　(B)日本　(C)英國　(D)法國。

（ C ）37.以下何者非德國的幼兒保育概況？　(A)西德的學前教育機構大多是附設於學校的　(B)重視家庭教育及親職教育　(C)具有少年指導員資格可在學校幼稚園任教，並且也是合格的小學教師　(D)完整幼稚園是一種特殊幼稚園，專門招收正常幼兒與障礙幼兒共同施教。

（ D ）38.有關幼兒身體發展的特徵，何者敘述有誤？　(A)幼兒期是粗大肌肉的發展，不宜做精細工作　(B)幼兒肌肉富彈性、柔軟，骨骼易彎曲變形　(C)肺活量太小，呼吸快而短促　(D)血管細、心臟過大，因此心跳較慢。

（ D ）39.以下何者非實施啓發式教學法的限制？　(A)教師專業受考驗　(B)適用學科受限制　(C)不適合人數多的團體教學　(D)不易維持學習的動機。

（ A ）40.布魯納（Bruner, 1966）認爲，兒童漸長，可以憑記憶說出某種東西的形象狀貌，做爲他思考的輔助，是屬於個體心智能力發展的哪一期？　(A)形象表徵期　(B)符號表徵期　(C)動作表徵期　(D)名詞表徵期。

（ D ）41.以下何者不是評量的工具？　(A)量表　(B)問卷　(C)測驗　(D)常模。

（ C ）42.依據育幼院扶助兒童辦法第14條，何者不具申請收養育幼院兒童資格？　(A)夫妻身心健全，一方年滿30歲，未滿55歲者　(B)夫妻有固定住所及正常職業或相當資產者　(C)未婚的女性或男性　(D)夫妻有無親生子女或養子女者皆可。

（ C ）43.下列何者不是目前托兒所教保人員的主要培育機構？　(A)公私立高職幼兒保育科　(B)二專幼兒保育科　(C)師範學院幼兒教育系　(D)技術學院幼兒保育技術系。

（ B ）44.關於幼兒發展的模式，何者錯誤？　(A)嬰兒出生約一年後，才會走路　(B)脖子發展的時間，先於眼睛及嘴巴　(C)先能使用手

附錄
歷屆試題精解

臂，然後用手，最後能使用手指　(D)最先發展激動和恬靜，接著分化出苦惱和愉快。

（D）45.對年齡較小的幼兒輔導，由於他們語言能力不足，宜採何種輔導方式較佳？　(A)個別談話　(B)施行問卷　(C)團體輔導　(D)遊戲投射法。

（D）46.在非都市的地區，下列何種用地是有條件才能設置托兒所？　(A)甲種建築用地　(B)乙種建築用地　(C)丙種建築用地　(D)丁種建築用地　(E)遊憩用地。

（E）47.所謂幼兒教育機構，下列何者不包括在內？　(A)幼稚園　(B)托兒所　(C)托嬰所　(D)育幼院　(E)才藝中心。

（D）48.依據「托兒所設置辦法」規定，專（兼）辦托嬰業務者，應增加設備包含調理台、護理台及何種設施？　(A)升旗台　(B)司令台　(C)化妝台　(D)沐浴台　(E)講台。

（B）49.台中縣有一托兒所，設置兩班，每班二十名，請問室外的最低總面積需多少？　(A)60平方公尺　(B)80平方公尺　(C)100平方公尺　(D)120平方公尺　(E)140平方公尺。

（E）50.屏東縣有一托兒所，設置三班，每班二十名，請問需要設置多少套蹲式大便器　(A)1套　(B)2套　(C)3套　(D)4套　(E)5套。

（D）51.育幼院的收托對象，下列何者不正確？　(A)父母一方失蹤或長期離家者　(B)流浪無依或被遺棄者　(C)肢體障礙或智能不足者　(D)行為偏差幼兒　(E)父母雙亡者。

（C）52.管理者使機構達到上情下達、下情上達的功能，是屬於行政管理的哪一個內涵？　(A)計畫　(B)組織　(C)溝通　(D)協調　(E)評鑑。

（C）53.依據「托兒所設置辦法」第十三條規定，滿二歲至未滿四歲的幼兒，多少名幼兒需要一位保育員的編制？　(A)5～10名　(B)11～15名　(C)16～20名　(D)21～25名　(E)26～30名。

（E）54.我國學齡前教育師資的培育機構，下列何者不包括在內？　(A)全國師範學院幼兒教育學系　(B)大專院校之幼兒保育科系　(C)大學院校之教育學程　(D)大學院校兒童福利系及相關科系　(E)一

般教育基金會的師資培訓中心。

（ C ）55.玉秀是大專幼保科畢業，在一家托兒所擔任保育員，請問需要甚麼條件才能擔任所長？　(A)四年以上托兒機構教保經驗　(B)五年以上托兒機構教保經驗　(C)四年以上托兒機構教保經驗，並經主管機關主（委）辦之主管專業訓練及格者　(D)五年以上托兒機構教保經驗，並經主管機關主（委）辦之主管專業訓練及格者　(E)不必任何條件。

（ E ）56.下列何者有「幼教女傑」之稱？　(A)陳鶴琴　(B)張雪門　(C)柯門紐斯　(D)盧梭　(E)蒙特梭利。

（ E ）57.我國幼兒教育發展簡史分為：①幼教轉變期②幼教發展期③幼教萌芽期④幼教奠基期等四期，依先後發展順序排列，下列何者正確？　(A)①→②→③→④　(B)④→③→②→①　(C)②→③→④→①　(D)③→②→①→④　(E)③→①→④→②。

（ C ）58.下列何者認為「教育的目的，就是生長」？　(A)張雪門　(B)盧梭　(C)杜威　(D)蒙特梭利　(E)皮亞傑。

（ D ）59.下列何者於民國12年首辦我國第一所幼稚園「南京鼓樓幼稚園」？　(A)張雪門　(B)葉楚生　(C)李模　(D)陳鶴琴　(E)林清江。

（ E ）60.英國的哪一份報告書已提到，將特殊教育工作推展到嬰幼兒階段？　(A)巴特勒教育改革法案　(B)卜勞敦報告書　(C)從頭開始方案　(D)費舍法案　(E)瓦那克報告書。

（ D ）61.下列何者為1999年本土幼教界的大事？　(A)1018大遊行　(B)410教改運動　(C)實施母語教學　(D)幼托合一的議題　(E)幼稚園納入義務教育。

（ C ）62.2到7歲的孩子屬於認知發展階段理論中的哪一期？　(A)符號表徵期　(B)感覺動作期　(C)運思前期　(D)形式操作期。

（ C ）63.一位專業而優秀的幼兒保育員應該具有哪些特質？　(A)多才多藝　(B)高智商　(C)高情緒智商　(D)財富。

（ A ）64.以下哪一位提出認知發展階段理論？　(A)皮亞傑　(B)布魯納　(C)維高斯基　(D)艾瑞克森。

附錄 歷屆試題精解

（ A ）65.道德發展論由哪一位學者所提出？　(A)柯爾柏格　(B)皮亞傑　(C)維高斯基　(D)艾瑞克森。

（ C ）66.以下哪一個學習角落可以提供給幼兒扮家家酒感受家庭的氣氛？　(A)科學角　(B)玩具角　(C)娃娃角　(D)閱覽角。

（ D ）67.物體恆存的觀念依照認知發展階段理論在哪一個年齡層產生？　(A)4到7歲　(B)7到11歲　(C)11歲以後　(D)0到2歲。

（ A ）68.福祿貝爾認為哪一種教學是幼稚園中最重要的課程？　(A)遊戲　(B)音樂　(C)工作　(D)語文。

（ B ）69.園所舉行校外教學時，照顧2至3歲幼兒的成人與幼兒的比例至少需為：　(A)1：8　(B)1：5　(C)1：4　(D)1：3。

（ B ）70.自今年7月1日起將針對足5歲幼兒實施的教育政策，為以下哪一項？　(A)幼托合一　(B)教育券　(C)開放教育　(D)調整上課時間。

（ C ）71.蒙特梭利認為幼兒智能發展的基礎在：　(A)生活練習　(B)科學教育　(C)感覺教育　(D)數學教育。

（ C ）72.以下哪一單位有提供早期療育的服務？　(A)張老師　(B)生命線　(C)家庭扶助中心　(D)一般衛生所。

（ B ）73.馬斯洛（Maslow）認為人類最基本的需求是：　(A)安全的需求　(B)生理的需求　(C)自尊的需求　(D)愛與隸屬的需求。

（ D ）74.所謂的教學資源為以下哪一項？　(A)活動內容　(B)課程內容　(C)圖片　(D)幫助幼兒學習的教具、玩具和美工材料。

（ A ）75.幼稚園應多久舉行一次幼兒學習評量？　(A)一學期　(B)半學期　(C)一年　(D)一個月。

（ B ）76.在幼兒進行工作時間學習時，教師應：　(A)幫助幼兒完成作品　(B)鼓勵幼兒表達自己　(C)為幼兒收拾善後　(D)使用使色本或作業本。

（ D ）77.處理幼兒糾紛之合宜且專業的方法為以下哪一項？　(A)隔離　(B)追究原因　(C)說教　(D)藉此增進社會技巧。

（ B ）78.幼兒可以依照物體之大小，將其由小到大順序加以排列，表示該幼兒具有：　(A)分類　(B)序列　(C)保留　(D)質量不減。

（ C ）79.以下哪一位提出了五指教學法？　(A)張雪門　(B)陶行知　(C)陳鶴琴　(D)張宗麟。

（ B ）80.鼓勵幼兒學習自己去做、自己去看、自己去想去經驗是強調：(A)環境的影響性　(B)活動的自發性　(C)興趣的必要性　(D)發展的連續性。

（ A ）81.幼稚園與托兒所的教師應對獎賞與懲罰採以下哪一種態度？　(A)審慎　(B)少用　(C)多用　(D)不用。

（ D ）82.以下何者為幼兒教育近年來的趨勢？　(A)雙語教育　(B)才語教育　(C)倫理教育　(D)全人教育。

（ C ）83.以下哪一位學者被稱為幼教之父？　(A)皮亞傑　(B)蒙特梭利　(C)福祿貝爾　(D)杜威。

（ B ）84.2到3歲的小孩在一起玩，但彼此沒有互動，各玩各的稱之為：(A)單獨遊戲　(B)平行遊戲　(C)旁觀者遊戲　(D)聯合遊戲。

（ A ）85.讚許幼兒的行為代表認可他的行為，透過讚許可以幫助幼兒形成：　(A)自我概念　(B)自我滿足　(C)自我膨脹　(D)自我封閉。

（ B ）86.幼保人員可以從以下哪一種進修方式當中實地增長見聞？　(A)閱讀書報　(B)參觀幼兒保育機構　(C)參加座談會　(D)參加在職進修班。

（ D ）87.在同一個時間研究不同年齡之嬰幼兒的發展，是運用哪一種研究方法？　(A)個案研究法　(B)縱貫法　(C)實驗法　(D)橫斷法。

（ C ）88.下列關於蒙特梭利幼教思想的敘述何者正確？　(A)提倡想像性活動　(B)以宗教的觀點來設計教具　(C)反對以獎勵和懲罰做為激發學習動機的方法　(D)反對幼兒在六歲前學習讀、寫、算。

（ D ）89.提出「社會學期理論」的學者是：　(A)佛洛依德（Freud）　(B)馬斯洛（Maslow）　(C)班都拉（Bandura）　(D)艾立克森（Erikson）。

（ C ）90.利用幼兒的舊經驗輔導幼兒學習新事物，此一原則稱為：　(A)增強　(B)消弱　(C)類化　(D)遷移。

（ D ）91.下列何者不屬於幼稚園課程的六大領域：　(A)遊戲　(B)工作

附　錄　◇219

（C)社會　(D)烹飪。

（ D ）92.下列何者不是為幼兒選擇圖書的原則？　(A)圖大字小　(B)語言口語化　(C)具故事性　(D)色彩柔和，線條優美。

（ D ）93.實施開放教育的夏山學校位於？　(A)英國　(B)德國　(C)美國(D)日本。

（ A ）94.下列何者非教保活動設計的特點？　(A)各活動設計以分科為主(B)適應個體需要　(C)活動設計以直接經驗為主　(D)以幼兒的實際生活為基礎。

（ D ）95.下列何人有幼教之父之稱？　(A)佛洛依德　(B)皮亞傑　(C)蒙特梭利　(D)福祿貝爾。

（ D ）96.下列何者不是人本理念在教育上的應用？　(A)人際溝通　(B)師生感情良好　(C)彈性課程　(D)固定上課時間與空間。

（ C ）97.美國啟蒙教育方案（Head Start Project）或稱及早教育方案之目的是什麼？　(A)全面強迫幼兒入學幼稚園　(B)讓幼兒提早就讀小學　(C)補救文化刺激不足之幼兒　(D)讓資優幼兒提早入學。

（ C ）98.目前各級教育課程裡強調環保教育，這個現象可用來說明課程受哪一個理論基礎所影響？　(A)知識結構　(B)心理學　(C)社會學(D)哲學。

（ D ）99.下列哪一教學模式：　(A)方案教學　(B)華德福教育　(C)蒙特梭利教育　(D)高廣度教學　主張以人為出發的教育，注重其全面發展，主張「教育為藝術」、「教育透過藝術」，幫助兒童、青少年「發現自我」以「完成自我」。

88年四技二專幼保類專業科目（一）試題

（ A ）1.「五指教學法」是由哪一位幼教先進所設計的？　(A)陳鶴琴　(B)張雪門　(C)陶知行　(D)陳一鳴。

（ B ）2.4歲的幼兒，每日維生素Ｃ的攝取量應為多少？　(A)35毫克　(B)45毫克　(C)55毫克　(D)25毫克。

（ B ）3.媽媽訓練3歲的凱凱學習自己穿衣，請問下列的準備工作中，何者不恰當？　(A)給孩子充裕的穿衣時間　(B)賞罰分明，穿得好，給一個吻；穿得不好，輕輕地打一下手心　(C)幫孩子將衣物按順序放好，讓孩子學會按次序穿衣　(D)衣服盡量簡單，褲子做記號以識別前後。

（ C ）4.小邦突然發高燒，持續了3到5天，等燒退了後，接著在身上出現了許多紅疹，請問他可能是得了什麼疾病？　(A)麻疹　(B)登革熱　(C)玫瑰疹　(D)猩紅熱。

（ D ）5.在繪畫發展上，老師及家長可以如何協助孩子？　(A)提供自己的經驗，必要時加以修飾，以使其較有成就感　(B)常鼓勵孩子：「你真能幹，畫得好像喔！」以增強其信心　(C)等孩子使用蠟筆、彩色筆熟練後才提供水彩或墨汁，以免妨礙手部發展　(D)讓孩子彼此互相欣賞作品。

（ C ）6.在短時間內研究不同年齡之幼兒，以探知年齡和行為之間的關係，可以採用何種研究法　(A)個案研究法　(B)縱貫研究法　(C)橫斷研究法　(D)時間序列研究法。

（ D ）7.艾力克森將人生的發展分為八個階段，其中對於「主動與內疚」（initiative v.s. guilt）的描述何者錯誤？　(A)此期是「性別認同」的時期　(B)年齡約在3到6歲左右　(C)開始對發展其想像力與自由參與活動感到興趣　(D)此期逐漸步入獨立自主的階段。

（ A ）8.若想生千禧寶寶（即西元2000年1月1日出生），則最後一次月經應在何時較為可能？　(A)民國88年3月25日　(B)民國88年4月5日

附　錄
歷屆試
題精解

(C)民國88年2月1日　(D)民國88年3月1日。

（ D ）9.琪琪在大太陽下昏倒了，你發現她全身是汗，摸起來冷冷濕濕的，臉色蒼白，在她清醒後，你的處理措施為何？　(A)抬到溫暖處，頭抬高，保暖　(B)抬到溫暖處，腳抬高，保暖　(C)抬到陰涼處，頭抬高，喝水　(D)抬到陰涼處，腳抬高，喝水。

（ B ）10.有關麻疹症狀敘述，下列何者為非？　(A)在身上可看到不同疹狀之疹子　(B)結膜炎、鼻炎　(C)砂紙皮、草莓舌　(D)疹子呈向心狀分佈。

（ A ）11.下列何者為杜威對於教育的論點？①主張「由做中學」（learning by doing）②學校是社會的縮影：學校即社會，教育即生活③主張早期讀寫的重要性④教育是經驗的改造　(A)①②④　(B)①②③④　(C)①③　(D)①④。

（ C ）12.小華一天所需熱量為1200卡，若以醣類、脂肪、蛋白質攝取比率為65％、25％、10％計算，則小華一天需攝取醣類、脂肪、蛋白質各多少公克？　(A)87、75、30　(B)87、75、13　(C)195、33、30　(D)195、33、13。

（ B ）13.美雲剛生產，喜得一兒，請問下列何者為真？　(A)細胞的23對染色體中，有兩對是性別染色體　(B)父親是決定生男孩的因素　(C)母親是孩子性別的決定者　(D)農曆初一時受孕，較易得男孩。

（ D ）14.小群跌倒了，要媽媽打椅子，並說「都是椅子壞壞，害小群跌倒了！」在幼兒挫折反應方式中，這是一種什麼現象？　(A)認同　(B)逃避　(C)退化　(D)理由化。

（ B ）15.以下敘述何者為非？　(A)1歲時的體重為出生時的3倍　(B)出生時之身長為5歲時的1/3　(C)出生時之腦重量為成人腦重的1/4　(D)新生兒頭身比為成人頭身比之2倍。

（ A ）16.下列所述各國保育概況，何者為非？　(A)法國的幼兒教育，屬於義務教育的範圍　(B)英國的幼兒教育分兩階段：第一階段為保育學校，第二階段為幼兒學校　(C)美國的「提前開始方案」（Head Start Project）主要在使貧窮子弟，能獲得補救教育的機會

(D)俄國境內不允許有私立的幼稚教育機構成立。

（ D ）17.幼兒和成人之比較，下列何者有誤？①成人脈搏較快②幼兒呼吸
較快③幼兒血壓較高④成人肌肉水分比例上較多⑤幼兒腸子比例
上較長⑥成人骨骼數較少　(A)①②⑤　(B)③④⑤　(C)②④⑥
(D)①③④。

（ A ）18.若四公斤的翔翔，每天所需的熱量為110卡，而每30c.c.牛奶有20
卡熱量，若翔翔每4小時喝一次牛奶，則每次至少應喝多少，才
夠熱量所需？　(A)110c.c.　(B)100c.c.　(C)90c.c.　(D)120c.c.。

（ D ）19.小惠看到鵝就喊「咕咕雞」，後來發現牠會游水，改稱「會游水
的咕咕雞就是鵝」，這個過程稱為　(A)基模　(B)可逆性　(C)同
化　(D)調整。

（ B ）20.元元盪鞦韆，不慎摔落地面，跌斷了小腿骨，您剛好經過，身為
幼保專業人員，您的優先急救處置為　(A)將其移到平坦處，再
找人來幫忙　(B)找人找木條或雜誌等先將患處固定　(C)冰敷送
醫　(D)送到保健室，請護理人員處理。

（ D ）21.依兒童福利法第四十八條，若父母虐待子女，則主管機關應令其
接受幾小時以上之親職教育？　(A)10　(B)8　(C)6　(D)4。

（ B ）22.後囟門於嬰兒多大時應開始閉合？　(A)出生後　(B)6～8週
(C)6～8個月　(D)12～18個月。

（ A ）23.幼兒時有說謊的行為，造成這種說謊的背景因素可能為：①幼兒
語言的表達能力不夠②英雄主義作祟③求取他人注意④幼兒缺乏
時空概念，而無法正確回憶所經歷之事　(A)①②③④　(B)②③
(C)①②④　(D)②③④。

（ C ）24.下列有關胎便之敘述，何者有誤？　(A)色澤為暗綠色　(B)出生
後約三、四天陸續排出　(C)為奶水殘渣所造成　(D)胎便排出
後，會造成生理性脫水。

（ A ）25.布瑞吉斯認為幼兒社會發展有一定的層次，請問依其理論，幼兒
與幼兒間之發展關係為何？　(A)孤立→自私→合作　(B)孤立→
抗拒→合作　(C)自私→抗拒→合作　(D)依賴→抗拒→合作。

（ D ）26.田所長的托兒所，室內活動面積為600平方公尺，室外活動面積

為1200平方公尺，請問他的托兒所最多可收托多少位幼兒？
(A)100人　(B)200人　(C)300人　(D)400人。

（ C ）27.德德能夠至少一次正確地數13顆釦子，且能補畫上人行圖上缺少的部分，依據「比西量表」，德德年齡至少幾歲？　(A)3　(B)4　(C)5　(D)6。

（ B ）28.下列敘述何者為是？①孕婦用沙利竇邁（Thalidomide）易致胎兒畸型②孕婦患德國麻疹易使胎兒兔唇顎裂③孕婦內分泌失調易造成小頭症④抽煙易造成低體重兒⑤孕婦情緒不安會造成唐氏症　(A)①②③　(B)①③④　(C)①②⑤　(D)①②④。

（ C ）29.以下何者為幼兒期創造性行為？　(A)套圈圈　(B)大風吹　(C)玩積木　(D)著色畫。

（ D ）30.新生兒出生後，應注射哪一種維生素以預防新生兒出血？　(A)維生素A　(B)維生素E　(C)維生素C　(D)維生素K。

（ D ）31.為了保護呼吸道及消化道黏膜功能，平日應多攝取什麼？　(A)馬鈴薯　(B)吳郭魚　(C)酵母粉　(D)胡蘿蔔。

（ B ）32.有關牙齒保健，以下敘述何者有誤？　(A)第一顆乳牙為下門齒　(B)乳牙蛀牙不需矯治　(C)半年應至牙醫處檢查一次　(D)蛀牙侵犯象牙質時，會有冷熱過敏現象。

（ C ）33.倪先生開辦的托兒所內，共招收了52名2至4歲的幼兒，請問倪先生最少要聘用幾位保育員？　(A)6位　(B)5位　(C)4位　(D)3位。

（ D ）34.小強剛接受小兒麻痺疫苗，媽媽在帶小強回家後，應注意什麼？　(A)患部紅腫疼痛，可予冷敷　(B)腋窩淋巴腺腫大，可予熱敷　(C)輕微發燒，可予以退燒處理　(D)三十分鐘內，不可給予飲水或牛奶。

（ A ）35.婷婷常將「好熱」說成「好樂」，您覺得她可採用何種方式來改進？　(A)多做發音練習　(B)多嚼口香糖，黏冰棒　(C)養成慢慢說的習慣　(D)大了就會好，不用糾正。

（ A ）36.以下敘述何者為是？　(A)維他命也是藥，需要在醫師指示下服用　(B)打針比較快好，小孩不用多受罪　(C)藥一定要在飯後服用，

避免傷胃 (D)小孩不肯吃藥時，可以騙他是糖果而達到目的。

（ B ）37.若一個5歲10個月的小孩，測出其心理年齡（mental age）為4歲8個月，則其智商（I.Q.）為多少？ (A)125 (B)80 (C)94 (D)95。

（ A ）38.園所內有一幼兒，啼哭說腹痛，經老師初步檢視後，發現其痛處為肚臍周圍至右下腹部，此時老師應懷疑幼兒患何種疾病？ (A)急性闌尾炎 (B)急性腸胃炎 (C)臍疝氣 (D)腸套疊。

（ C ）39.維維出生已經三個月了，依照動作發展的能力判斷，下列敘述何者有誤？ (A)頭部可以穩穩的直立 (B)身體可以出側臥而成仰臥的姿勢 (C)手眼略能調整，可以接受爸爸手中的玩具，並放入口中 (D)眼睛能隨著媽媽手中的奶瓶移動，而轉移視線。

（ A ）40.我國的托兒所不由哪一部門管轄？ (A)學管課 (B)民政課 (C)社會局 (D)內政部。

（ B ）41.下列何種反射動作最晚消失？ (A)受到驚嚇時，雙手高舉呈擁抱狀 (B)刺激腳底時，腳趾呈扇形張開 (C)頭偏右側，則右手伸直，左手彎曲 (D)依靠抓握力可以懸起身體。

（ C ）42.奶奶看到小娟有大量流口水現象，而依民間習俗為其「收涎」，請問小娟大約多大？ (A)8個月 (B)6個月 (C)3個月 (D)1個月。

（ A ）43.三歲的小寶首次看到草叢中的小蛇大叫「媽媽快看！會跑的尾巴！」請問這是皮亞傑所謂的 (A)同化作用 (B)泛靈觀 (C)調適作用 (D)平衡作用。

（ A ）44.有關副食品添加，以下何者有誤？ (A)一天只可添加一種新的副食品 (B)3個月以前的孩子不需添加副食品 (C)應單獨餵食，不可添加在牛奶中 (D)應隨時觀察孩子的排泄狀況。

（ C ）45.小強在院子內玩，不小心跌倒，膝蓋有一處小傷口，在清洗過後，應以下列何種溶液來消毒傷口？ (A)75％酒精 (B)雙氧水 (C)水性優碘 (D)紅藥水。

（ C ）46.下列何種疾病為細菌感染，需給予抗生素治療？①感冒②猩紅熱③頭蝨④腮腺炎⑤百日咳⑥氣喘 (A)①④⑤ (B)③④ (C)②⑤

(D)①⑥。

（ D ）47.蒙特梭利教具中的棕色梯，是屬於哪一種的教具？ (A)色彩感覺教具 (B)實體辨識教具 (C)重量感覺教具 (D)視覺教具。

（ C ）48.根據皮亞傑的道德發展論，5歲的幼兒屬於哪一個階段？ (A)前道德期 (B)道德成熟期 (C)他律期 (D)自律期。

（ D ）49.保母到小明房中，發現小明被棉被蓋住，臉色唇色發青，沒有呼吸，但還有心跳，她的處置何者不當？ (A)趕快打119求救 (B)將小明由床上抱到地板上 (C)施予人工呼吸 (D)施予心肺復甦術（C.P.R）。

（ B ）50.10個月大的小萍將玩具丟在地上，爸媽撿起後，她又再丟，而且樂此不疲，這是一種 (A)建構性遊戲 (B)功能性遊戲 (C)象徵性遊戲 (D)戲劇性遊戲。

八十八學年度技術校院二年制聯合招生入學測驗試題

（ D ）1.國小一年級小朋友，每年3至5月應接種的疫苗為何？ (A)破傷風減量疫苗 (B)小兒麻痺口服疫苗 (C)麻疹疫苗 (D)日本腦炎疫苗。

（ D ）2.兒童運動中，難度較高如芭蕾舞應於何時學習，才不容易造成運動傷害？ (A)五至七歲 (B)七至九歲 (C)九至十一歲 (D)十一至十三歲。

（ D ）3.保育員發現五歲的小群有輕度的X型腿，請問造成其X型腿的原因為何？ (A)太早走路 (B)幼時尿布包得太厚 (C)骨骼發育問題 (D)發育的自然現象。

（ B ）4.下列關於嬰兒睡姿之描述，何者不正確？ (A)趴睡嬰兒睡得多，哭得少 (B)仰睡嬰兒心跳較慢，呼吸較正常 (C)趴睡嬰兒較易過份腳內彎 (D)仰睡嬰兒較不易有嬰兒猝死症。

（ B ）5.下列有關預防托兒所戶外教學時，對小朋友暈車之描述，何者不正確？ (A)打開車窗，以利車內空氣流通 (B)上車前應喝水吃飽，以免空腹想吐 (C)宜坐前排座位，以減少震動 (D)暈車時，宜平衡以恢復內耳平衡。

（ A ）6.有關嬰兒哺餵時間之敘述，下列何者正確？ (A)每次哺餵至少需要20分鐘 (B)哺餵時間一定得依兩餐間隔時間而定 (C)餵母奶與牛奶者吸吮時間不同 (D)嬰兒身體不適時，哺餵時間應減少。

（ A ）7.督促兒童養成口腔及牙齒衛生習慣的四項描述中，下列組何何者正確？①三餐飯後刷牙②每次刷牙約三分鐘③吃完東西三分鐘內刷牙④每一年口腔健康檢查一次 (A)①②③ (B)②③④ (C)①③④ (D)①②④。

（ B ）8.六歲的小寶於上體能課時扭傷腳踝，此時保育員不合適的處理為何？ (A)固定扭傷腳踝以防肌腱再度受傷 (B)脫下扭傷腳踝所穿之鞋以減少足部負擔 (C)墊高扭傷肢體以利局部血液循環

(D)可用八字形包紮冰敷以減少疼痛腫脹。

（ D ）9.當昆蟲入耳時，下列處理方法，何者不正確？ (A)用光引出昆蟲 (B)滴入油使昆蟲淹死流出 (C)用煙引出昆蟲 (D)滴入酒精使昆蟲淹死流出。

（ A ）10.嬰兒便祕處理，下列何者不正確？ (A)奶粉調稀 (B)兩餐間補充水份 (C)酌量於牛奶中加糖 (D)溫柔按摩寶寶腹部。

（ C ）11.奶粉經過高溫消毒後，哪一項營養素較容易被破壞？ (A)維生素B1 (B)維生素B2 (C)維生素B6 (D)維生素B12。

（ B ）12.幼兒園發現小朋友口腔、手掌、足踝有紅色丘疹水泡，保育員應懷疑是何種感染？ (A)輪狀病毒感染 (B)腸病毒感染 (C)圓形病毒感染 (D)玫瑰病毒感染。

（ C ）13.小芬目前已長出六顆牙齒，請依牙齒數量評估其可能的年齡： (A)4個月 (B)8個月 (C)12個月 (D)16個月。

（ A ）14.預防疾病傳染的正確洗手步驟，依序為何？ (A)濕搓沖捧擦 (B)濕沖搓捧擦 (C)搓濕沖捧擦 (D)搓沖濕捧擦。

（ C ）15.下列有關幼兒餐飲衛生之描述，何者不正確？ (A)運送熱食時，應保持在60℃以上 (B)運送冷食時，應保持4℃以下 (C)生、熟食應分開處理一起保存 (D)熟食冷藏前，必須予以密封。

（ D ）16.水中加氟可增加琺瑯質對細菌侵蝕的抵抗力，請問至少增加多少容易造成牙齒染色？ (A)8 ppm (B)6 ppm (C)4 ppm (D)2 ppm。

（ D ）17.下列有關幼兒防火逃生常識之描述，何者不正確？ (A)身上著火時，儘快倒臥翻滾 (B)濃煙中，以濕毛巾掩鼻貼地沿牆逃生 (C)原則上，應往一樓室外逃生 (D)不可搭電梯，面對樓梯趴地爬行。

（ B ）18.為確保安全，嬰兒至少至多大時，即可考慮停止消毒奶具、食具？ (A)3個月 (B)6個月 (C)9個月 (D)12個月。

（ D ）19.有關嬰幼兒沐浴之四項描述中，下列組合何者正確？①天氣太冷可用電暖氣，其與嬰幼兒之距離約為50～70公分②約在10分鐘左右的時間洗完③水溫約為38～41℃④臍帶未脫落時，可用95%的

酒精環狀擦拭　(A)①②③　(B)②③④　(C)①②④　(D)①②③④。

（ D ）20.下列何種食品不適合當作十至十二個月嬰兒的副食品？　(A)剁碎的小白菜　(B)切細丁的胡蘿蔔　(C)香蕉泥　(D)蒟蒻果凍。

（ D ）21.「道路交通安全規則」第二條中規定，幼童專用車指的是專供載運未滿幾歲兒童之客車？　(A)四歲　(B)五歲　(C)六歲　(D)七歲。

（ B ）22.兒童遭受虐待或不當對待事件頻傳，「兒童福利法」中第四十三條規定，利用或對兒童犯罪者，加重其刑至多少？　(A)一倍　(B)二分之一　(C)三分之一　(D)四分之一。

（ D ）23.保育員協助托兒所幼兒適應園所新環境，下列何者最正確？　(A)報名時，請家長詳填幼兒基本資料，讓保育員於開學後再仔細閱讀以認識幼兒　(B)家長於開學前，應先帶幼兒來校熟悉園所，開學後可隨時自由進入教室陪伴幼兒　(C)幼兒來校，應學習過團體生活，有些家中養成的壞習慣需在開學前請家長務必改善　(D)開學必備物品或需要知道的事項，應於開學前先通知家長。

（ D ）24.下列哪一項不是內政部公布之「托兒所教保的意義與內容」中的教保目標？　(A)增進兒童身心健康　(B)增進兒童之快樂與幸福　(C)啟發兒童基本生活知能　(D)培養兒童倫理道德。

（ C ）25.有關幼兒口吃現象的描述，下列何者錯誤？　(A)常刻意誇張舌頭、嘴唇或下巴的動作或不斷眨眼、皺眉等　(B)人格特質比較害羞、缺乏自信，對他人的反應感到不安　(C)不論口吃障礙程度為何，在任何情況下都會口吃　(D)男生較女生多出現口吃現象且持續時間較長。

（ C ）26.下列哪一項敘述是進行觀察幼兒行為時應有的專業？　(A)應以診斷者及輔導者的角色來對父母說明觀察結果　(B)可以將觀察對象或內容當作談天的話題　(C)孩子或其照顧者有權決定是否繼續被觀察　(D)為達到觀察目的，偶而不小心傷害幼兒的行為是可被接受的。

（ D ）27.在下列五項的描述中，請選出較適當的觀察描述組合：①小明拿

了一塊三角形積木給小美②這間教室亂七八糟③我幾乎每次看到小華，他都在哭④小明好乖，拿衛生紙給小美擦鼻涕⑤氣溫似乎很高，我和教室中幾位小朋友都流汗了，小華也用袖子擦汗 (A)①③④⑤ (B)②③④⑤ (C)①②③ (D)①③⑤。

（ A ）28.如果幼兒回家向家長反應學校中不開心的事，下列哪一種家長的處理方式是適當的？ (A)先不要急著生氣，詢問完孩子詳細的情況再做處理 (B)問幼兒：「是不是你哪裡做錯惹老師生氣？」(C)傾聽幼兒的感受後，要他不要再難過或生氣了 (D)讓幼兒自己去解決問題，家長不要介入。

（ C ）29.下列有關學習角落益智區的規劃原則，何者不適當？ (A)避免與嘈雜區為鄰，例如積木角 (B)提供寬廣的操作桌面或地面 (C)每一種教具教材的提供，最好能足夠全球幼兒使用，以避免爭奪 (D)每個教具籃與教具櫃貼好相對應的標示，以利收拾分類。

（ D ）30.下列維持教室秩序的方式，何者不適當？ (A)數數或唸兒歌 (B)反應遊戲 (C)手指謠 (D)吹哨子。

（ A ）31.下列有關托嬰中心環境規劃的描述，何者錯誤？ (A)調奶台因需沖水設備，需設置在遠離嬰兒室的地方 (B)學步兒走路不穩，地板最好要有彈性，以免發生意外傷害 (C)獨立行走前的嬰兒，最好採用個別的嬰兒床 (D)嬰兒床的放置應避免緊密排列，以降低感染的可能。

（ B ）32.下列有關托兒所社區資源應用的描述，何者錯誤？ (A)當地的機關首長是園所很好的人力資源 (B)當地的名勝古蹟是園所很好的物力資源 (C)當地的地質地形是園所很好的自然資源 (D)當地的衛生機關是園所很好的組織資源。

（ C ）33.下列對有學習障礙幼兒的輔導策略，何者不適當？ (A)可以對幼兒進行感官訓練 (B)利用教學媒體帶動幼兒學習 (C)教學環境設備力求多變複雜 (D)可採資源教室的教育安置型態。

（ D ）34.有關幼兒遊戲行為的四項描述中，下列何者正確？①幼兒較不喜歡與熟識的同伴一起玩②幼兒傾向與同性的玩伴一起玩③男生比女性更易創造想像的玩伴④相較於年長的玩伴，幼兒較會與同年

齡玩伴一起玩　(A)①③④　(B)②③　(C)①②③　(D)②④。

（ B ）35.下列活動或玩具，那些是主要鼓勵幼兒產生建構性的遊戲？　(A)樂高、跳棋　(B)玩沙、畫圖　(C)玩具車、積木　(D)黏土、玩具熊。

（ C ）36.對於學前階段「認字」這件事，下列看法何者較適當？　(A)應該要學，因為語言是一切學習的基礎，學認字可以幫助幼兒其他領域的發展　(B)應該要學，因為社會競爭激烈，大家都有學，幼兒不可以輸在起跑點上　(C)不應該要學，因為幼兒視力、小手指肌肉、口腔肌肉皆未成熟，不適宜學識字　(D)如果幼兒的身心發展未準備好認字，老師也可以適當的引導幼兒認識更多的字。

（ C ）37.下列保育員回應幼兒的方式，何者較適當？　(A)幼兒：「老ㄕㄨ，我要喝水」，保育員笑著說：「你要喝水喔，老ㄕㄨ帶你去。」　(B)幼兒抓著褲子說：「老ㄕㄨ，ㄆㄤ我ㄊㄛㄈ褲子」，保育員：「你說什麼？我聽不懂，再說一遍。」　(C)幼兒因搶玩具發生爭執而告狀，保育員：「可是我沒看到剛剛發生什麼事，怎麼辦呢？」　(D)幼兒拉著保育員的手嚷著：「老師你來」，保育員：「沒看到老師正在跟別人講話嗎？」

（ A ）38.為了培養幼兒的創造力，父母與保育員應該：　(A)學習環境的佈置應配合課程單元，並力求變化　(B)多提供訓練垂直式思考、聚斂性思考的玩具與遊戲　(C)強調實物教學，多使用固定的教具了解自然現象　(D)多使用權威型的教養態度，使幼兒能專心學習。

（ B ）39.若比較「大單元課程」與「發現學習課程」，下列何者錯誤？　(A)前者較強調課程的統整，後者較強調幼兒主動探索　(B)前者與後者皆強調幼兒為教學的主體，鼓勵幼兒參與活動　(C)前者以幼兒生活問題為中心來設計單元，後者以幼兒學習興趣來決定單元　(D)後者較注重使幼兒獲得完整的學習經驗，後者較重視幼兒學習的歷程。

（ D ）40.下列有關各教保模式的敘述，何者正確？　(A)方案課程與大單元

附　錄
歷屆試
題精解

課程的理念一致，皆強調由孩子興趣出發來發展課程　(B)多元智能觀（multiple intelligence）認為應將七大智力以分科方式，完整提供幼兒多元發展　(C)蒙特梭利與福祿貝爾皆贊成幼兒多從事幻想性的遊戲，以鼓勵其智力的發展　(D)全語言教學提供整合性的主題，將聽說讀寫完整的組合成有意義的語文經驗與溝通環境。

（B）41.下列有關幼兒保育政策與法令的敘述，何者正確？　(A)幼兒保育的意義，指的是與幼兒保護、養育、教育中，有關保護與養育的一切措施　(B)家庭托育服務與托兒所服務一樣，乃為補充家庭照顧功能的一種補充性福利服務　(C)早期療育乃為三到六歲幼兒，針對其發展遲緩的問題，來改善其狀況的各種服務工作　(D)保育員知悉有關兒童虐待等情事，有責任於四十八小時內向當地主管機關提出舉發。

（C）42.下列那些活動依序訓練幼兒的肌肉持久力與敏捷力？　(A)前翻滾、跳繩　(B)走平衡木、玩跳房子　(C)持續吊單槓、玩躲避球　(D)鑽呼拉圈、拔河。

（C）43.有關知覺能力發展的四項敘述中，下列組合何者正確？①三個月大的嬰兒已能區別顏色②胎兒即對聲音有所反應③一歲時視力才達到成人的水準（1.0）④新生兒對痛覺已有反應　(A)①②　(B)②③　(C)①②④　(D)②③④。

（D）44.小明經觀察有容易跌倒、口齒不清、活動量過高、不喜歡別人碰觸等行為，其最可能是：　(A)發展遲緩　(B)自閉症　(C)運動功能障礙　(D)感覺統合失調。

（D）45.下列有關幼兒自卑的描述，何者錯誤？　(A)自卑的幼兒常常放棄自我表現的機會　(B)自卑的幼兒常有愛表現、強出頭的行為　(C)培養幼兒獨立感是預防其自卑的方法之一　(D)為保護自卑幼兒，應避免培養幼兒過多興趣與技能。

（B）46.下列有關托兒所運作的描述中，何者正確？　(A)戶外教學租用遊覽車，應備營業用大客車執照，且需導遊小姐隨行　(B)托兒所收托幼兒名額中，至少應有百分之十為減免費用名額　(C)舉辦

校外參觀之成人與幼兒比，以一比八爲原則　(D)娃娃車司機應有職業駕照，且三年內無肇事記錄者。

（ D ）47.下列戶外遊戲設施，何者較無法引發幼兒的社會互動？　(A)平台連接的攀爬架　(B)並排設置的滑梯　(C)獨立設置的小房子　(D)分散設置的輪胎。

（ D ）48.當小英正興高采烈的在戶外玩，而保育員卻希望她進教室，此時較適當的處理方式爲：　(A)讓小英繼續留在戶外玩　(B)告訴小英如果立刻進教室，就給一張貼紙　(C)告訴小英外面有壞人，最好趕快進教室　(D)提醒小英再玩五分鐘，就要進教室。

（ B ）49.有關幼兒各類型教學活動的實施，下述何者正確？　(A)烹飪活動，應特別注重衛生與安全，有傳染性疾病的幼兒應嚴禁參與活動　(B)社會的教學活動，應從增進對自我的認識爲起點，再擴展到對他人、社會、世界的認識　(C)數的教學活動，應根據數→量→圖形空間→邏輯關係的概念依序設計活動　(D)較小年齡的幼兒，因精細動作發展未成熟，美勞活動中不應使用太多的彈性素材。

（ C ）50.保育員想了解積木角內，幼兒常出現的遊戲行爲，下列何者較能達到目標？　(A)以檢核表記錄幼兒到積木角玩的頻率　(B)以事件取樣法記錄幼兒在積木角的遊戲行爲　(C)以時間取樣法記錄積木角各類型遊戲出現的頻率　(D)以評量表評量積木角幼兒遊戲層次的高低。

（ D ）51.以下托兒所的五項環境設計，那些項目組合容易造成幼兒跌倒的意外事故？①戶外地面加鋪草皮②樓梯寬度不一③出入口的門檻④樓梯高度不一⑤遊樂設施下突起的防護墊　(A)①②③④⑤　(B)③④⑤　(C)①②③⑤　(D)②③④⑤。

（ B ）52.一個良好的托嬰機構，應提供的教保安排，下述何者錯誤？　(A)口舐的玩具應天天清洗，尿布台檯面亦應每天清潔　(B)應使用中央空調系統，以做好感染管制，並控制溫濕度　(C)兩歲以下嬰幼兒團體的大小，最好以不超過八人爲宜　(D)遊戲空間應能允許嬰幼兒進行廣泛的移動。

（A）53.根據Parten/Piaget遊戲量表的定義，下列哪一項遊戲行為屬於團體功能遊戲？　(A)文文與丁丁在教室中彼此嬉鬧，追來追去　(B)小英用玩具電話假裝在打電話　(C)文文與丁丁一起用樂高搭建停車場　(D)小文與小英在益智角玩跳棋。

（B）54.有關教育思想家對幼兒教保的貢獻，下列何者錯誤？　(A)柯門紐斯強調教學採直觀教學法，反對依賴課本　(B)裴斯塔洛齊主張教育對象是貧苦兒童，強調教學應與社會結合　(C)盧梭強調教育必須以幼兒為中心，重視兒童的興趣　(D)福祿貝爾強調感官實物教學，重視兒童的個別需求。

（A）55.有關托兒所美勞角的佈置原則，下列何者錯誤？　(A)工具櫃的高度應超過四尺，以方便幼兒拿取　(B)美勞角的位置接近水源，以方便清洗　(C)盡可能提供指導性較低的活動，讓幼兒發揮創造力　(D)材料、工具的存放應有標示，以利幼兒收拾。

（C）56.下列何者不是托兒所推展親職教育的主要功能？　(A)協助父母對嬰幼兒的身心發展有正確的認識　(B)使父母能適當的配合園所的措施　(C)爭取家長的支持，宣導業務以利招生　(D)使父母了解嬰幼兒發展問題，並提供輔導方法。

（D）57.保育員想了解幼兒的語言表達能力，下列方式何者不宜？　(A)觀察和聆聽幼兒和幼兒之間的交談　(B)提出開放性的問題，讓幼兒發表意見　(C)讓幼兒看圖畫說故事　(D)讓幼兒用紙筆畫出心中想表達的事。

（D）58.有關選擇幼兒教材的考慮事項，何者錯誤？　(A)力求配合幼兒身心發展的狀況　(B)年齡愈小其教材應與直接經驗連結　(C)適合托兒所的環境與設備　(D)符合使用目的，不需考慮價錢。

（A）59.保育員以圖畫書說故事時，下列行為何者不適宜？　(A)為避免幼兒干擾說故事，將幼兒座位安排成T型　(B)一手托住書中央下方，一手從書角翻頁　(C)適當輔以語言肢體表情，讓故事更生動　(D)與幼兒進行的討論，不宜偏離主義太遠。

（C）60.有關維護幼兒「行」的安全的五項敘述中，下列組合何者正確？　①四歲以下的幼兒上下學最好有人接送②應教導幼兒認識各種交

通標誌③幼兒若自己步行上下學，應教導幼兒走人車較少的巷道
④幼兒娃娃車依規定應每年整修一次，每日由司機檢查一次⑤每
學期開學前全面檢視幼童專用車裝備　(A)①②③　(B)②③④
(C)①②⑤　(D)②④⑤。

幼兒保育概論

編 著 者☞ 劉明德 林大巧

審　　 定☞ 張素貞

出 版 者☞ 揚智文化事業股份有限公司

發 行 人☞ 葉忠賢

總 編 輯☞ 林新倫

地　　 址☞ 台北市新生南路三段 88 號 5 樓之 6

電　　 話☞ (02)23660309

傳　　 真☞ (02)23660310

郵政帳號☞ 19735365　戶名：葉忠賢

登 記 證☞ 局版北市業字第 1117 號

印　　 刷☞ 鼎易印刷事業股份有限公司

法律顧問☞ 北辰著作權事務所　蕭雄淋律師

初版一刷☞ 2003 年 10 月

定　　 價☞ 新台幣 300 元

ＩＳＢＮ ☞ 957-818-534-0

網　　 址☞ http://www.ycrc.com.tw

E-mail ☞ book@ycrc.com.tw

國家圖書館出版品預行編目資料

幼兒保育概論 / 劉明德，林大巧編著 . - - 初版 .
- - 臺北市：揚智文化，2003[民 92]
　　　面；　公分

　　ISBN　957-818-534-0（平裝）

　1. 育兒　2.學前教育

428　　　　　　　　　　　　　　　　92012055